李光毅 ◎ 编著

高性能
响应式Web
开发实战

U0313591

人民邮电出版社

北京

图书在版编目（CIP）数据

高性能响应式Web开发实战 / 李光毅编著. -- 北京：
人民邮电出版社，2016.7（2018.12重印）
ISBN 978-7-115-42216-3

Ⅰ. ①高… Ⅱ. ①李… Ⅲ. ①主网页制作工具－程序
设计 Ⅳ. ①TP393.092

中国版本图书馆CIP数据核字(2016)第100568号

内 容 提 要

响应式 Web 设计的理念是让页面根据用户行为以及设备环境（屏幕尺寸、分辨率等）
进行相应的响应和调整。响应式网页设计就是一个网站能够兼容多种终端，而不是为每种终
端做一个特定的版本。

本书分为两部分，第一部分是前端的基本响应式技术，涉及响应式布局、图片的处理、
解决问题的思路以及一些进阶的技巧等；第二部分在以上内容的基础上，加入了对页面进行
性能调优的内容，包括如何确立性能指标，如何使用不同的工具衡量性能，以及如何解决常
规的性能问题等。

本书适合有兴趣学习响应式技术的前端从业人员和其他相关人员阅读。

◆ 编　　著　李光毅
　　责任编辑　杨海玲
　　责任印制　焦志炜

◆ 人民邮电出版社出版发行　　北京市丰台区成寿寺路 11 号
　　邮编　100164　　电子邮件　315@ptpress.com.cn
　　网址　http://www.ptpress.com.cn
　　北京虎彩文化传播有限公司印刷

◆ 开本：720×960　1/16
　　印张：13.5
　　字数：257 千字　　　　　　　　　2016 年 7 月第 1 版
　　印数：2 801 – 3 200 册　　　　　2018 年 12 月北京第 3 次印刷

定价：39.00 元

读者服务热线：**(010)81055410**　印装质量热线：**(010)81055316**
反盗版热线：**(010)81055315**
广告经营许可证：京东工商广登字 20170147 号

前　　言

为什么写这样一本书

作为一名程序员，写书也好，写博客也罢，其实都和写开源程序的性质是一样的，都是想要把自己的知识分享出去。分享是一件非常有成就感同时也是很快乐的事情，因为我们在此过程中会有很多新的想法，会迫不及待地想去实现，也会有很多人来和我们进行交流，探讨其他的一些可能性。最重要的是，对于做分享的人而言，做好分享很难！首先，分享者要对自己讲解的技术有足够的了解，不仅仅是了解如何用它，还要了解它的过去和未来；其次，分享者要能够娓娓道来，要站在受众的立场上考虑他怎样才能听懂，他可能会有哪些疑惑；最后，分享者有责任确保自己分享的知识的准确性和正确性，分享内容的质量同时也折射了分享者的技术水平，这也是迫使分享者进步的一个动力。

响应式技术，乃至前端的技术，发展是非常迅速的，现在能够使用或者可预见的响应式技术，在我看来是非常有意思和振奋人心的。但是，因为一些国内客观条件的限制（公司环境、从业者认知、用户行为等），响应式技术的发展与国外的发展水平有一定的差距。目前能找到的大部分与响应式设计相关的书基本都是从国外引进的，而这些原著一般是几年前出版的，因此这些书传授的知识现在看来显得有些保守和落后（当然终究有一天这本书的内容也会落伍和被淘汰，只是时间的问题罢了）。我想说，即使我们没有机会将大部分技术应用于实战，也应该通过一种渠道了解它究竟发展到何种程度了，至少在将来某一天需要时能够知道从哪里开始。

给页面做性能优化也是我这几年的工作内容之一。我阅读了很多资料，也做过很多的实践和尝试，踩过坑，也总结出一些经验，所以想把其中的一些宝贵经验分享出来。当然，这些经验不仅仅来源于我自己，还有来自工作中一起奋斗过的同事们，感谢他们。

我也是一个通过阅读来学习新技术的人，我会订阅一些技术博客，也会翻阅一些原版书籍。我更欣赏国外技术人员撰写的文章，因为他们讲解技术的时候总能做到循循善诱，有问题的起因，原有方案的不足，现有解决方案如何，以及在现有方案上又有谁做了哪些创新，现有方案仍然存在的不足，最后再提出一些开放性的问题，而不仅仅是给自己看的学习日记，或者把 API 文档更通俗地翻译一遍。

技术不是什么高深莫测的东西，一个看似复杂的解决方案拆解之后其实只是一些解决问题手段的叠加。因此，我一直希望在我给其他人分享技术时能有机会采用上面所说化繁为简的方式循序渐进。这本书就是这个理念的最好实践。

技术概述

对于大多数国内开发者而言，响应式是一个即熟悉又陌生的词语。熟悉是因为它一直都在以各种方式影响着我们，陌生是有一部分人没有用过它。事实上，响应式技术已经是较为成熟的技术了。它有稳定的 API 作为支撑，有前人总结出的最佳实践作为开发指导，并且浏览器日趋完善的支持也保证了绝大多数用户都能无障碍访问，尽管可能大部分用户的浏览器环境或者我们的工作场景因为历史原因不允许我们自如地使用。

响应式设计的概念与 HTML5 类似，不是单指某一技术而是代指一些技术的集合。狭义上来说，媒体查询和响应式图片算是响应式设计的核心技能，但广义上看，任何能够让页面适配移动设备的技术都包含在内，甚至脚本和后端。当然，以本书的篇幅不可能把这一切都事无巨细地娓娓道来。响应式技术也像这个行业一样，始终不断地在更新迭代。本书的内容也只能涵盖现有技术的冰山一角。

内容安排

第 1 章详细介绍本书的写作方向以及写作思想。这一章解释了许多的疑问：为什么需要响应式，为什么性能如此重要，究竟什么是响应式，以及在学习的过程中如何付诸实践。通过阅读这一章内容，读者会对本书的组织结构和选择题材的原由有所了解。

第 2 章并没有开始编码，而是了解在响应式开发中需要解决的问题，这些问题有助于理解接下来本书介绍的众多技术的意义，也从技术上区分了桌面前端开发与移动前端开发的差异，所以第 2 章也可以看作是第 1 章的延伸。

第 3 章与第 4 章可以作为一体。在这两章中，完成了一个拥有响应式基本布局的页面。在第 3 章中我们为布局做了一些准备工作，使用传统的前端技术搭建了一个简易的版本，为第 4 章埋下伏笔。第 4 章基于第 3 章完成的传统布局，逐个解决在移动端可能遇到的问题，通过引入媒体查询、伸缩布局、相对单位等，正式将布局"响应式化"。

第 5 章专注处理页面上的图片。图片虽然能够提高页面的吸引力，但它带来的副作用也不容小觑。在这一章中我们会尝试针对不同的屏幕和设备加载图片，甚至移除图片。在条件有限的情况下，我们也会尝试优化图片。

第 6 章和第 7 章介绍的是页面优化，第 7 章可视为第 6 章的进阶。第 6 章将帮助读者树立起对"性能"这个词的正确认识。我们将"性能"转化为实际数值从不同的维度进行衡量和追踪，同时通过一段常规代码初步了解脚本的一些性能瓶颈。在第 7 章中我们将会继续尝试一些其他的优化思路，如避免脚本、选择性加载甚至求助于后端，最后总结性能优化思路。

第 8 章主要介绍项目的维护问题。在这一章中读者将会了解如何简化上线和开发流程，降低工程的维护成本。

本书特点

实战是本书的最大特点。整本书的内容由一个页面线索串起，也就意味着无论是学习动机还是要学习的技术，都从实际需求出发。同时本书还注重响应式与之前传统技术的对比，尽可能做到承上启下，便于大家理解。实战也意味着我们要考虑页面上线后可能存在的缺陷，如需要向下兼容、做线上优化等。

同时我们也正视了项目中的工程问题，借助于工具优化发布流程、降低维护成本等。

总而言之，希望读者在阅读完本书之后，可以对 Web 响应式设计有一个较为明确的了解，学到很多实用的知识，而不是在遇到相同的问题后只是觉得似曾相识而无从下手。

目　　录

第 *1* 章

概述及任务介绍

本章向读者大致描述整本书的轮廓。希望通过阅读本章内容，读者能够了解这本书涉及的技术范围、写作风格、写作思路以及贯穿全文的线索。我相信这对读者阅读接下来的内容会很有帮助，不至于让读者觉得某些章节的安排比较突兀。

当然，读者也可以跳过本章内容，直接进入下一章，开始实战技术的学习。

1.1 为什么需要响应式设计

首先，我们先讲一下"为什么"需要响应式。

1.1.1 产品形态需要

我不想再谈论移动设备的增长趋势，也不需要强调用户每天花费多少时间在移动设备上，更不必用数字和图表告诉各位移动互联网形势如何好。毕竟每天各种互联网报告和科技媒体都在反复提醒着我们这些事情。

这里我们仅站在产品和技术的角度上思考，假设没有响应式设计，假设不区分移动与桌面用户，任由他们访问相同的桌面端页面，会有什么问题？

以大众点评网为例，如果你真的在手机上访问过站点的桌面版，那体验将会是灾难般的，手机上网页文字很难辨别，如图 1-1 和图 1-2 所示。

当我想查看右下角的热门餐厅有哪些时，不得不小心翼翼地用手势放大、移动页面，调整到需要浏览的区域。请小心操作，因为稍不留神就可能误点击了页面的某一处链接导致浏览器跳转到其他页面去，又不得不返回，再重复之前的步骤（这是常常发生在我身上的事情）。

图 1-1　　　　　　　　　　　　　　　　图 1-2

　　介于使用场景（如户外、室内、紧急程度等）和使用媒介（如手机、平板、电视甚至智能手表等）的不同，Web 产品在受到诸多限制（如屏幕大小、交互方式）的不同终端上产品形态应当是存在差异的。

　　让我们再考虑一些更恶劣的情况，不，应该说更实际一些的情况。Web 产品在移动设备上最大的天敌不是兼容性问题而是不稳定的网络信号。如果页面的体积过于庞大，请求过多，用户下载页面被中断而无法正常被访问的概率也就更大。大众点评（大部分网站也是如此）的移动版和桌面版在页面加载体积方面是有非常大区别的，如图 1-3 和图 1-4 所示。虽然这样的差异不一定是出于性能的考虑，但我仍然强烈建议尽可能压缩页面体积（可以通过利用浏览器缓存等方式）以减小风险，这样也能尽快向用户展示页面内容。

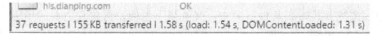

图 1-3

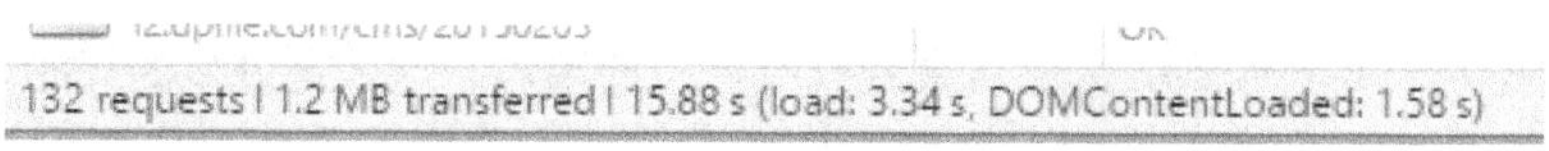

> fz.uptme.com/cms/20130203 · · · · · · · · · · · · · · OK
> 132 requests | 1.2 MB transferred | 15.88 s (load: 3.34 s, DOMContentLoaded: 1.58 s)

图 1-4

1.1.2　性能与商业考虑

最后让我们再来看一组用于证明性能重要性的统计数据[①]：

- 一般来说，47%的用户希望页面的加载时间少于 2 s；
- 一般来说，如果一个网站的加载时间超过 3 s，40%的用户会放弃访问这个网站；
- 亚马逊说，他们页面的加载时间每增加 100 ms，便会损失 1%的销售额；
- 谷歌说，他们页面的加载时间每增加 500 ms，便会减少 25%的搜索量。

对一个商业网站来说，时间就是金钱，用户没有理由把时间花在无法访问的网站上。

移动端浏览器的渲染效率、脚本执行效率与桌面端浏览器有一定的差距。页面上没必要向下兼容的冗余代码，以及更多无法预知的因素，都是在"想方设法"推迟着页面的展现。移动端面临的形势是严峻的，针对移动设备上的 Web 产品，应该在优化方面花更大的力气。

抛开产品本身，抛开商业因素，Web 开发者的工作职责之一应该是用技术实现一个"好"的产品。一个网站没有 CSS 和 JavaScript 仍然可供浏览，移动设备浏览器当然也可以直接访问桌面端网页，但是这些情况下产品的可用性（usability）、可读性（readability）、可访问性（accessibility）如何保障呢？没有用户愿意历经艰难险阻才能使用产品。谈论响应式也好，移动化也罢，目标是让产品在移动端与桌面端一样好用，不仅仅是让布局变窄，让字体变小，让它看上去变得小了一号而已。这是机遇，也是挑战。

1.2　本书的线索

技术需要依靠产品来落地和彰显它的威力，否则再强悍的技术也只是象牙塔上小部分人的玩具而已。这就好比 3A 游戏大作对于游戏引擎的重要性（《孤岛危机》之于 Cryengine，《战争机器》之于 Unreal）。再有，"纸上得来终觉浅，绝知此事要躬行"，对古人如此，对程序员更是如此。学习技能和提升技能的最佳途径只有实践，开始使

---

① http://www.guypo.com/17-statistics-to-sell-web-performance-optimization/

用学到的技术，并且遇到书本上从来就没有提及的困难，这才是进步的开始。

如果整本书每一章阐述的知识点相互独立，也就不能称之为书，至少不能称之为技术书，只能算作是某人博客的文章选集。所以书是有线索的，线索将每一章的内容联系起来，形成一个知识体系。例如，响应式图片与性能调优看似不相关，但过度地追求大而全的图片的解决方案，注定要用降低性能为代价。

我非常同意 alistapart.com 上的一篇文章《Building to Learn》[①]中的一些观点，也深有感触：用技术做一些你感兴趣的事情，这是学习的最好方式。

综合以上原因，我们的书也需要一条线索，需要活生生的产品来将我们的知识付诸实践。这条线索就是完成一个可以应用在 Jekyll（静态博客网站生成工具）上的响应式文章详情页。在每一章的结尾，我都将把这一章学到的技术运用到这个博客页面的制作过程中，来取代非响应式下的解决方案。读者读到书的结尾，这个页面也就开发完成了。读到这里的读者可以直接访问我的个人技术博客 http://qingbob.com 来先睹为快，也可以访问本书在 GitHub 上的源码地址 https://github.com/hh54188/responsive-web-design-tutorial 获取本书涉及的所有代码。

因为篇幅有限，所以整本书的主题是"开发"而不是"设计"。也就是说，我们只负责不遗余力地实现设计稿中的需求，而不问为何这样设计。要知道关于响应式设计同样也是一个庞大的课题。我相信已经有更好的文章和书描述了响应式产品、响应式交互式设计和移动优先，在本书中我只会偶尔提及。

1.3 写作思路

大多数开发者在初学一门技术时常有的疑惑，用我常说的一个笑话来表达就是：当你把一个名词疑惑拿去向一个专家求解时，你的一个疑惑会变成三个疑惑，因为他会用另外两个你更加不了解的名词来解释这个名词。

上面的笑话也是我自己在为别人解释一些概念时常常陷入的怪圈。例如，你向一位非计算机专业的同学解释"在你输入网站地址的那一瞬间浏览器发生了什么"时，不免要牵扯到网络协议、浏览器引擎一类的专业词汇，而这些专业词汇又需要想方设法地用更通俗的概念进行讲解。

鉴于上述情形，本书采用与上述相反的叙述方式：先从简单的概念讲起。我不会

---

① http://alistapart.com/blog/post/building-to-learn

在每一章开篇就讲有关这一章技术点的语法或者功能，而是先引入一个响应式设计中有待解决的问题，一个不涉及技术而用纯语言描述的场景（技术从来都不是深不可测的东西，它是为解决问题而生），然后围绕这个需求，先尝试使用常规的前端技术来解决，当然通常这样的解决方案并不够完美，接着要思考缺陷在哪儿，如何弥补，再引入那一章讲解的响应式技术，看看它是如何解决这个问题的。

但是还没有结束，新技术并不是万能的灵药，这把"利刃"也因为过于"锋利"而被人诟病。兼听则明——最后就要来听一些有关于这些技术的负面声音，并且思考它应该朝什么方向改进来弥补当下的不足。别忘了向前兼容，为不支持这些新技术特性的浏览器准备回滚方案。

1.4　定义响应式

我们有没有可能采用一种最直接的方式，用一句话阐述响应式在前端开发中究竟代指哪些技术？如果非要往前追溯对响应式技术的定义，一定要谈 alistapart[1]网站上的被奉为经典的两篇文章，即《Responsive Web Design》[2]和《A Dao of Web Design》[3]。

在《Responsive Web Design》中，作者仅仅使用了流式布局（fluid layout）和媒体查询（media query）就完成了响应式页面的构建。那我们可不可以说，响应式技术就等于流式布局加上媒体查询？或者反过来说，如果一个站点没有使用流式布局或媒体查询，那么这个站点就不应该自诩使用了响应式设计？

这是不公平的，响应式设计应该是一类思考解决问题的方式而不是一成不变的技术集合。过去每当提到响应式技术时第一时间想到的只有流式布局和媒体查询，但就在我键盘上敲出这一段文字的当下，本书涉及的响应式图片技术与性能优化技巧，甚至后端的 RESS 概念，都也都被列入到响应式技术集合中，它们与媒体查询同样重要。但是，我们不能批评说只谈媒体查询和流式布局的人是狭隘的，技术仍然受限于整个时代水平的客观性。或许不久的将来又会有更具有前瞻性的技术让当下我们谈论的退出历史舞台，所以我们始终要以开放的心态和发展的眼光看待响应式。

引用梁文道杂文集《味道之第一宗罪》中的一篇谈食物正宗性的文章《正宗的传说》里的一段话：

---

① http://alistapart.com/

② http://alistapart.com/article/responsive-web-design

③ http://alistapart.com/article/dao

坚持正宗根本违背了饮食文化的本性，饮食之道，就如人类的一切生活文化，总是在适应环境，总是在改变。欣赏美食要有好奇心，不能食古不化，死守祖训。

至少在这一方面，饮食和技术是一样的，没有所谓的正宗可言。

1.5　本书任务

图 1-5 与图 1-6 给出的是本书中要完成的页面设计稿。

图 1-5

这是一位产品经理为本书而设计的。2015 年年初 sitepoint[①]网站发布了一篇有关 2015 年网页设计趋势的文章《The Big Web Design Trends for 2015》[②]。文章中归纳了在 2015 年网页设计中将会出现的趋势性特征，如大气（make it big）、简约（minimize）、扁平设计（flat design），在这次设计稿中都得以体现。

图 1-5 所示为页面桌面端样式，图 1-6 所示为页面移动端样式。如何实现这两类样式，并且让这两种版样式的页面共存于同一套代码上，无缝、优雅在不同设备间

---

① http://www.sitepoint.com/

② http://www.sitepoint.com/big-web-design-trends-for-2015/

切换是本书要实现的需求。在正式开始之前，针对这个贯穿始终的需求，读者可能已经有了一些疑惑。

图 1-6

- 页面应该参照什么参数（屏幕尺寸、分辨率、设备用户代理）进行响应？

- 针对上面的参数应该采用什么样的策略（移动优先、桌面优先、临界点是多少）进行响应？

- 用什么样的技术能够实现响应？对于不支持该技术的浏览器如何处理？

- 为什么同一张图片在不同设备上看到的大小不同？

- 为什么有的图片素材在小屏的高清设备上会模糊？

- 有没有可能为不同的设备提供不同的图片素材？

- 如果上面问题的答案是肯定的话，那么我们用什么参数（屏幕尺寸？分辨率？）区分不同的设备？

- 对于不支持上面问题解决方案的浏览器应该如何处理？

假设我们已用前端代码实现了上述功能，而代价却是过长的页面加载时间和顿卡，这是得不偿失的。但是功能的叠加与页面的性能负担却又是正比关系。这就需要我们对功能做取舍，对代码进行性能调优，这一类优化工作对移动端产品来说尤其重要。那么，对于如何进行调优读者可能又会有以下疑问。

- 应该用什么样的参数衡量性能？

- 应该用什么样的工具测量性能？

- 如何找到性能的瓶颈在哪？如何修正这些瓶颈？

- 如果短时间内无法提升性能，可不可以通过非技术手段提高用户体验？

- 如果某些功能只是在某些场景中和设备而言是负担的话，可不可以选择性地加载功能？

所有这些问题，在本书中都会得到解答。

第 2 章

响应式中要面对的问题

响应式设计的主要工作就是要让网页适配当下种类繁多的设备，使页面在不同设备上仍然看上去友好并且可用。但是细想，当在设法让一个页面同时适配三星 Galaxy S6 和 iPhone 6 时，我们究竟是在适配什么？Galaxy S6 和 iPhone 6 究竟存在哪些影响页面展现的差异因素？以上这些问题都可以归纳为：当谈论设备的时候我们究竟在谈论什么？

不同设备间的差异有很多种，我们不关心设备的制造厂商，不关心 CPU 功耗，不关心生产工艺，只关心会影响页面在屏幕上展现的设备因素。如果用户在来自两台不同厂商设备上浏览页面时的效果是一致的，那么从前端的角度讲，就可以认为在某种意义上这两台设备并无差异。本章将会让读者了解到，在响应式设计中，有哪些常用的差异性因素是需要考虑的，在本书的后面的章节中，主要也是围绕这些因素做适配与兼容。

2.1　像素密度

图 2-1 所示的截图来自苹果中文网站对 iPhone 6 的一段技术规格描述，加灰底的文字部分的 "PPI" 即为本节所要讨论的内容。PPI 这个概念的复杂之处在于，它的意义会随着上下文的改变而变得大相径庭，例如，它可以用于描述图片文件的某些属性，可以作为打印时的可配置参数。在这里我们只谈论它作为设备屏幕特征的情况。在本书后面的内容中，若无特殊说明，PPI 都代指本含义。

PPI（Pixel Per Inch）直译为 "像素每英寸"。这样翻译其实有些晦涩，如果考虑到它实际想表达的意思，可以把它译为像素密度（在维基百科中，PPI 这个名词也是归属于 Pixel density[①]）。和常常谈论的人口密度、建筑密度类似，表达的是某个量在

---

① http://en.wikipedia.org/wiki/Pixel_density

指定面积内的密集情况。图 2-2 很直观地描述了这个测量单位。

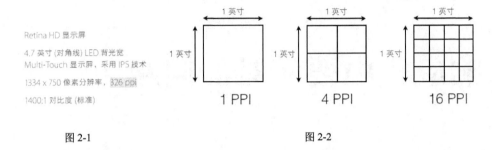

Retina HD 显示屏

4.7 英寸 (对角线) LED 背光宽
Multi-Touch 显示屏，采用 IPS 技术

1334 x 750 像素分辨率，326 ppi

1400:1 对比度 (标准)

图 2-1   图 2-2

图 2-2 中从左至右同样 3 个 1 平方英寸单位面积的正方形面积中，谁的像素越多谁的像素密度就越高。

但是，你是否想过上面一直在谈论的像素究竟指的是什么？"呃，像素不就是在书写样式时使用的单位 px 吗？"其实不尽然。我们姑且把这一类像素称为 CSS 像素，留作下一节讨论。在谈论它们之前，我们先看看另一类像素——设备像素。

设备像素在英文中对应为 device pixel 或 physical pixel，所以也可译为物理像素。无论是早期的 CRT 显示器还是如今的 LCD 显示器，现实的原理都是通过将一系列的矩形小点排列成一个大的矩形，让不同的小点呈现不同的颜色，最终来组成一幅完整的图像。例如，图 2-3 所示就是 LCD 显示器上一个 4×4 个设备像素排列成的矩阵。

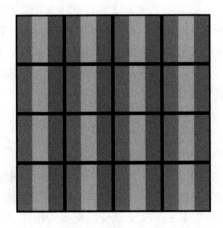

图 2-3

图 2-3 中的每一个"点"（dot）就是设备像素。在 LCD 显示器中，每一个设备像素又是由 3 个分别显示红绿蓝的子像素（subpixel）组成。LCD 显示器的显示功能是通过调整每一个设备像素的子像素明暗来实现的，具体原理如图 2-4 所示。

像素密度中所指的像素是设备像素，鉴于设备像素亦可称为物理点，所以 PPI 也可以称为 DPI（dots per inch，每英寸点数）。但请注意这样的等价只有在描述显示设备的特征时才成立。在其他行业的上下文中两者含义并不同。

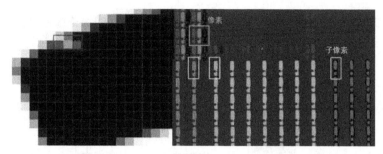

图 2-4

设备像素密度的计算方式正如它英文单词定义的一样所见即所得：使用对角线上的设备像素值，除以对角线的英寸长度，即为像素密度。图 2-5 为 iPhone 5 对应的计算像素密度的图解。

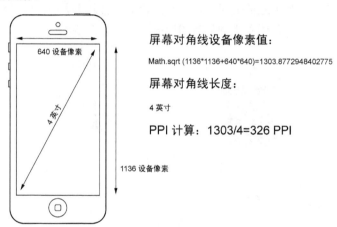

图 2-5

我们当然希望像素密度越高越好（手机厂商也的确在往这个方向努力），因为像素密度越高意味着在有限的手机屏幕面积上能容纳的设备像素越多，能够展现更多的画面细节。同时因为肉眼几乎无法分辨物理像素点，设备看上去更加自然和平滑，原理如图 2-6 所示。

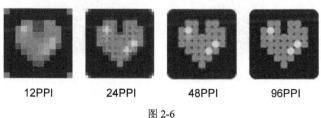

图 2-6

但高像素密度同样也带来了副作用：单位面积内容纳的设备像素越多，也就意味着单个设备像素面积越小，如图 2-7 所示。

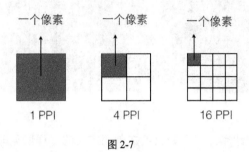

图 2-7

可以预见的一种情况是，一个 4×4 像素组成的图片素材在标准像素密度（以下简称为标清）的设备（如普通的桌面显示器）上看上去有硬币大小，但是到了高像素密度（以下简称为高清）的设备上却只有指甲盖大小，如图 2-8 所示。

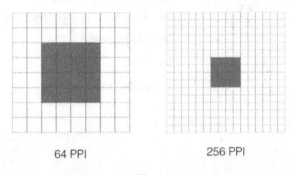

图 2-8

反过来我们可以推论，如果想让高清设备与标清设备上的图片看上去同样大小，那么高清设备上的图片素材应该具有更多的像素，如图 2-9 所示。

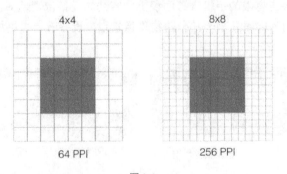

图 2-9

以一台 23 英寸的显示器为例，它的横向和纵向分别排列着 1920×1080 个设备像素，那么它的最高分辨率就可以达到 1920×1080，我们称这个分辨率为原生分辨率（native resolution）或者物理分辨率（physics resolution）。

而屏幕只有 5 英寸的三星 Galaxy S4 的屏幕同样是由 1920×1080 个设备像素组成的。根据刚刚的结论，因为单个设备像素的面积过小，在普通显示器上可见的图片素材有可能此时在 S4 上几乎是很难分辨的。

手机厂商不可能没有留意到这个问题。为了设备的可用性，即图标和文字可以被正确识别和准确点击，在高清设备上的各类素材视觉上必须保证与标清设备同样大小。他们的解决方法很简单：如果素材在高清设备上显示过小，就把所有尺寸都放大一倍就好了（准确来说，Galaxy S4 放大了 9 倍）。原来图片上的一个像素单位由一个设备像素单位显示，现在则由 9 个设备像素（3×3）单位显示，效果就是将图片做拉伸处理。如果网站提供的图片像素不够高，则会出现模糊情况，如图 2-10 所示。

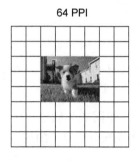

64 PPI

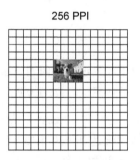

256 PPI

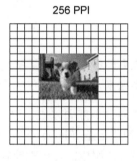

256 PPI

图片在普通设备上时　　　图片在高清设备上时，　　　但设备为了修复这一问题，
　　　　　　　　　　　　物理尺寸会过小　　　　　系统会将图片放大

图 2-10

用 iPhone 3GS 和 iPhone 4 是最佳的对照实验，两者拥有相同的屏幕尺寸，但是 iPhone 4 的像素密度几乎是 iPhone 3GS 的 2 倍，像素是后者的 4 倍。但是两者屏幕上应用图标视觉上大小却是一模一样的，因为后者系统将所有的元素进行了 4 倍的放大（长 2 倍×宽 2 倍）。不过按照常识来说，将位图放大 4 倍务必会造成图片模糊。例如，下面这个例子为同一张图片在高清（左，模糊）和标清（右，清晰）设备上的对比，如图 2-11 所示。

但感官上 iPhone 4 画面（如首屏图标）不仅没有模糊素材，反而看上去更细腻，是因为 iPhone 4 素材包含的像素数量是前者的 4 倍，尺寸也是前者的 4 倍，而设备像素足够小，能将细节全部展现出来。这同样也是 Retina 工作的原理。

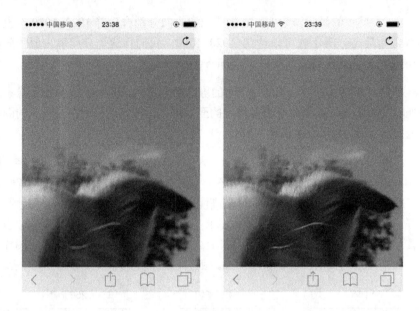

图 2-11

在高清设备中，为了解决设备像素过小的问题，系统分辨率下每个像素会等于多个设备像素，而这个比值称为设备像素比（Device Pixel Ratio，DPR）。

从另一个方面来说，iPhone 3GS 和 iPhone 4 都保持了相同的系统分辨率——480×320，但是 iPhone 4 的设备像素达到 960×640，每一个系统分辨率下的像素由 2 个设备像素组成。这样就能容纳更多的细节。

请再次注意，放大素材的前提是被放大的素材最好有足够的尺寸和像素，否则多余的像素只能由系统计算出来而导致看上去模糊。这也是高清设备常常被诟病的地方。

2.2　CSS 像素

上一节讲的像素密度和 Web 开发有什么关系？在我们编写样式代码时，常会用到另一个像素单位 px。为了和设备像素区分开，我们把它称为 CSS 像素。如果说设备像素给我们的印象是机械的、固定的、物理的，那么 CSS 像素将会是灵活的、虚拟的、相对的。

为什么说它是相对的？

假设我在页面上画一个 300 px 宽度的块级元素。一般情况下，块级元素只相当于页面的部分宽度。如果使用浏览器的页面放大功能，10 倍地放大页面，很快块级元素就会充满整个页面。但吊诡的是，此时我们既没有改变浏览器的宽度，也没有改变容器的样式宽度，那么浏览器为我们做了什么呢？它把每一个 CSS 像素的面积放大了，如图 2-12 所示。

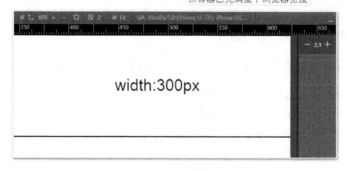

图 2-12

CSS 像素默认与系统分辨率下像素大小相等。那么，在标清设备中，一个 CSS 像素应该是与一个设备像素大小相等。但是，在高清设备或者用户缩放的过程中，一个 CSS 像素也可以大于或等于多个设备像素，如图 2-13 所示。

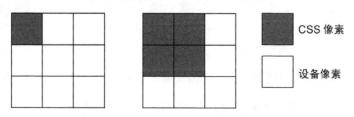

图 2-13

有关高清设备被诟病的问题，还有一个问题未被提及：假设在原生应用（注意，不是 Web）的开发中，如果必须以设备像素为单位进行开发，那会是非常痛苦的一件事。以 iPhone 3GS 为参照，在 3GS 中，一个系统分辨率像素等于 1 个设备像素；在 iPhone 4 中，一个系统分辨率像素等于 2 个设备像素；在 Galaxy S4 中，一个系统分辨率像素等于 3 个设备像素；在 iPhone 6 Plus 中，一个系统分辨率像素等于 2.46 个设备像素。那么，如果一个按钮在 iPhone 3GS 中大小为 100×100 设备像素，在 iPhone 4 中大小就应该是 200×200 设备像素，在 Galaxy S4 中就应该是 300×300 设备像素，在 iPhone 6 Plus 中就应该是 246×246 设备像素。但是，我们实在无法为每一台设备根据它的设备像素准备如此多的素材。

我们希望有这么一种抽象的单位，只需告知手机它这个按钮或者素材占用几个这样的"抽象单位"，在显示时它就能自动缩放至合适的具体设备像素值。例如，iOS 系统中的 PT 就是这样一个单位，当我们告诉它按钮占用的宽度是 100×100 PT 时，在 iPhone 3GS 中，它就意味着占用 100×100 的设备像素；在 iPhone 4 中，它就占用 200×200 设备像素。也就是说，系统会根据给出的 PT 值，再根据系统分辨率像素与设备像素的比值，换算出目标应该占用的大小。

上面所说的这种抽象单位称为与设备无关像素（device independent pixel）。

同理，CSS 像素也是与设备无关像素。我们不用关心在不同设备上一个 CSS 像素会匹配多少个设备像素，浏览器会根据 DPR 为我们适配，在 CSS 基础上根据 DPR 做适当放大或者拉伸。但问题是，因为字体是矢量的关系，被放大后仍然足够清晰。而身为标量的图片则会变得模糊，因为拉伸状态下一个 CSS 像素需要横跨多个设备设备像素，每张图片上的单个像素信息仍然要被多个设备像素瓜分显示，自然就变得模糊起来。图 2-12 中对比的是同样 CSS 尺寸在高清和标清下的效果，很明显左侧的高清设备会显得更模糊。

为了解决高清设备中图片素材会变模糊的问题，需要为高清设备提供更大尺寸、细节更丰富的图片。此外，高清图片可以向下兼容，我们可以用 CSS 像素控制高清图片在标清设备上的大小，这样一张图片就走遍天下了，解决了响应式图片中的适配问题。可新的问题又出现了。

（1）如何区分出高清设备和标清设备呢？如何为不同的设备提供不同的样式呢？

（2）如果用户在网络信息较差的手机上访问网站我们仍然提供高清图片，这是否有失偏颇？能否做到为不同的设备，甚至为不同的网络环境，提供不同的图片素材？

这两个问题留到第 5 章解决。

2.3　视口

2.3.1　桌面浏览器的视口

在桌面浏览器中，假设某个页面的<html>宽度设置为自适应的 100%: html {width: 100%;}，这意味着 html 宽度始终与浏览器宽度保持一致。

同时，浏览器宽度也等价于浏览器可视区域宽度，所以在桌面浏览器中，浏览器可视区域大小决定了页面的布局。所见即所得，浏览器窗口多大，就会以多大的尺寸影响页面布局。我们称这里的可视区域大小为布局视口（layout viewport），或者简称为视口（viewport），如图 2-14 所示。

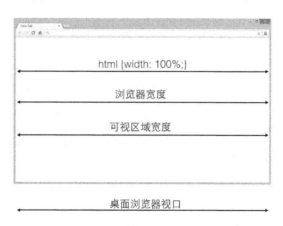

图 2-14

在本书后面的内容中，如果没有特别说明，所称视口皆为此概念。当然，如果页面布局为固定宽度布局，页面布局就不会受到视口大小影响，但是在视口之外的内容，需要通过控制浏览器视口的滚动栏才能看见。

桌面端视口的特点是，浏览器区域大小受限于显示器屏幕大小，这也意味着页面的宽度不会超过浏览器屏幕宽度。读者可能会纳闷，为什么上面这么显而易见的事情会称为“特点”？因为在移动设备上不是这样的，也无法做这么一个设定。

假设在 100%宽度的 body 内还有一些占用宽度为 10%的元素，如果以桌面视口的定义，10%宽度的元素实际宽度最大只能是系统分辨率的 10%，则在 1920×1080 的显示器上浏览器最大化的情况下，该元素最大宽度为 192 px。若在 iPhone 4 上浏览这个页面，如果 iPhone 4 仍然继承的是桌面视口的设定，那么用户看到只是一个 32 px

的元素，这是根本是无法识别的，这样的容器也不可用。

所以，移动设备的视口定义与桌面并不相同，但视口同样是用于控制页面布局渲染的。

2.3.2 移动设备浏览器的视口

对于移动设备上的浏览器来说，仍然需要一个区域用于控制页面的布局渲染。只不过这个区域不再以屏幕尺寸作为限制。

以 iPhone 4 为例，Safari 渲染页面布局的默认宽度为 980 px（CSS 像素）。但是，用户可能觉得并非如此，因为当用户用 Safari 打开一个网站桌面版后，他看到的页面宽度刚好是与屏幕宽度相等的，如图 2-15 所示。但是 iPhone 4 的系统宽度分辨率不是 320 px 吗？

图 2-15

其实之所以这样是因为浏览器做了两件事，如图 2-16 所示：

（1）用 980 px 像素宽度渲染页面；

（2）将页面缩放至宽度与系统宽度一致。

图 2-16

将页面缩放至与设备宽度相同

用户使用手势缩放页面也是同样的原理。浏览器和用户在这里并没有改变页面（准确来说是视口）的大小（size），只是改变了视口的缩放比例（scale）。

但是，浏览器使用默认的 980 px 去渲染页面并非是万能的。例如，当页面比较窄时（如只有 320 px 宽），页面效果会非常糟糕，如图 2-17 所示。

图 2-17

设计人员希望以页面的宽度来渲染页面，并能自然自适应到系统宽度。于是手机厂商（最早是在 Safari 中）提供了一个名为 viewport 的<meta>标签设置视口大小。例如，在上一个用例中，当我们想以 320 CSS 像素渲染页面时，可以在<head>标签中加入 meta 标签，并设置如下：

```
<meat name="viewport" content="width=320" />
```

通过在 content 属性中设置 width 参数，即可以手动调整宽度，也可以添加 initial-scale 参数来控制渲染时缩放视口的比例。如果未添加该参数，浏览器自动会将页面缩放至与浏览器宽度一致。

```
<meat name="viewport" content="width=320, initial-scale=1.0" />
```

以图 2-18 中 320 px 宽的图片为例，通过混合配置 width 和 scale 参数，我们能随意控制缩放比例页面的大小。

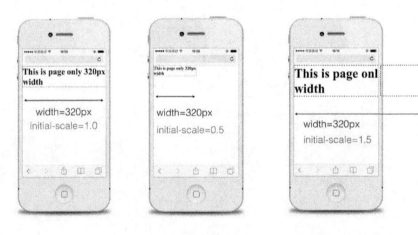

图 2-18

在前几节中常说的"系统分辨率"就是视口大小，有兴趣的读者可以去 viewportsizes.com 上查找自己感兴趣的设备的视口大小。

2.3.3 设备宽度

大部分情况下我们都希望以系统分辨率的宽度来渲染页面，以尽可能地避免缩放，以及正确地响应设备（例如，页面布局是在 320 px 宽度的限制下进行设计的，我们当然希望设备以 320 px 宽度来渲染布局，而不是用 980 px 渲染后再进行缩放）。问题是不同设备的系统分辨率是不一致的，即使在同一种设备上，横竖两种持握方式也会让渲染方式不同。

但是，我们可以不用关心具体的数值，只要告诉浏览器："无论什么设备，什么样的持握方式，请按照系统分辨率宽度渲染。"

于是我们可以将 width 的值设置为 device-width。例如：

```
<meta content="width=device-width, initial-scale=1.0" />
```

那么我们就把获取具体系统分辨率宽度这个任务交给浏览器了，就由浏览器具体情况具体执行，如图 2-19 所示。

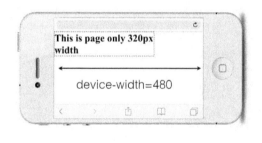

图 2-19

小结

本章的开头首先了解了关于屏幕 PPI 的定义，并引出了设备像素这个概念。虽然像素密度越高，能够表现的图像越细腻。但是，这一特性也需要开发者提供更高清的素材来支持，否则素材会显得模糊不堪。

随后提出了 CSS 像素的这个概念，并且梳理了 CSS 像素与设备像素之间的异同。通过 CSS 像素，能部分解决 PPI 在 Web 开发中的缺陷。

　　最后我们介绍了桌面端浏览器与移动设备浏览器在渲染页面时的差异，由此引出了视口（viewport）的概念，并学习了在移动浏览器上如何手动控制视口。

　　本书接下来的几章内容都与这些概念有关。例如，针对不同 PPI 设备，讨论如何为不同设备提供不同清晰度的图片；又如，示范如何获取视口的宽度，使用什么样的策略为不同视口设备提供不同样式的布局。

第 *3* 章

布 局

第 2 章介绍了在开发中需要面对的问题，本章将正式面对这些问题，并且使用代码解决这些问题。

本章主要介绍如何制作响应式布局，也就是让同一套样式和标记兼容不同的设备，使布局在不同尺寸的屏幕上能够自如变换（如在窄屏上导航栏友好折叠起来、字体大小自适应等）。整个页面将划分为 3 部分由上至下进行开发：导航、标题和正文内容。虽然开发的内容都是围绕响应式展开的，但是不同的场景有不同的着重点。

开发人员当然希望自己编写出的代码是完美无缺陷的：向上下浏览器兼容，向过去和未来兼容，甚至一次编写，无需维护。但现实往往不如人意，经验告诉我们代码只能在迭代中变得更好，本章的代码也是在一个初级简易的版本上逐步完善的。之所以需要逐步完善是因为不断有新的功能需求、技术需求被提出，随之也需要加入相应的代码。这些技术可能需要一些额外的知识和背景，所以在引入代码前还需要简单介绍一下这些知识。

本章一个很重要的技术点是围绕如何制作一个导航栏展开的。是的，没有听错，导航栏，似乎是再简单不过的功能了。实现它当然不难，但如何让导航栏更"轻"（如使用 CSS 实现脚本完成的功能，完全移除对脚本的依赖）和更"稳定"（如当有多个菜单选项加入时无需调整样式也能做到自适应等宽）却需要开发人员下较大的功夫。导航栏也会延伸到之后的内容中去，其他章节会从不同的角度去完善它。本章先看一下一个"基础款"的导航栏长什么样子。

3.1　写在编码前的话

在正式开始编码之前，有必要用一小节来说明本书编码的基本原则，这些原则是对代码进行不断迭代的驱动力，也是做技术选型时的重要参考标准。

3.1.1　写出好的代码

程序员应该尽可能写出好的代码，这是毋庸置疑的。但什么样的代码才算得上是好的代码？

狭义上来说，就是代码严格地遵守脚本规范，遵守团队的风格指导，做到视觉上的赏心悦目。这个非常好实现，借助编辑器插件就可以完成。广义上讲，代码还需在可读性、维护的难易程度等方面同样优秀，随意从程序里抽取的代码段都让人啧啧称赞。这不仅需要考虑如何优雅地实现当下功能，还要考虑整体程序的结构设计。反过来思考，如果整体架构设计非常糟糕，那么不同模块间的通信和协作都会发生问题，也势必要用冗余的代码去弥补和 hack（hack 通常指粗暴、非常规、有后遗症的解决方案）这些问题。

Bob Nystrom 在他的叙述游戏开发中的设计模式的图书《Game Programming Patterns》[1] 中有一段关于程序架构的描述我认为是非常精妙的：

The first key piece is that architecture is about change. Someone has to be modifying the codebase. If no one is touching the code—whether because it's perfect and complete or so wretched no one will sully their text editor with it—its design is irrelevant. The measure of a design is how easily it accommodates changes.

译文如下：

关键点是架构存在的意义是为了适应变化。总会有人更新代码。如果没有人再碰代码——无论是因为代码已经完美，还是项目已完成，或是代码过于糟糕而没有人愿意再编辑，那么也就不存在设计的问题了。衡量设计优劣的标尺是它适应变化的难易程度。

他认为架构的存在的意义是为了适应变化。如果你编写的程序是一次性的，不会再有程序员修改代码，那么也就谈不上设计，程序架构的好坏也就无所谓了。所以衡量架构设计的方法是判断它能够多快地适应变化。程序架构设计的关键目标在于：最小化修改程序所需要的获取信息。

To me, this is a key goal of software architecture: minimize the amount of knowledge you need to have in-cranium before you can make progress.

---

① http://gameprogrammingpatterns.com/

换而言之，解耦（decouple）。当开发人员在修改 A 模块时，最好的情况是无需对 B、C、D 模块有任何的了解。虽然《Game Programming Patterns》整本书都是在用 C++ 语言描述游戏开发中的设计模式，但解耦这个原则是贯穿所有设计模式的主题，同样也适用于我们的编码（即使是 CSS 与 HTML）当中。

在讨论如何开发前端单页面应用的开源书《Single Page App Book》[①]中，作者 Mikito Takada 给出了他认为可维护代码的 3 个特征：

- 易被理解和挑错；

- 易被测试；

- 易于重构。

并给出了难以维护的代码的基本特征：

- 拥有许多依赖，使模块难以理解和独立测试；

- 总是访问全局作用域下的数据；

- 代码存在副作用，没法被初始化和被重复使用；

- 接口众多且不隐藏实现细节，难以在不修改其他组件的情况下重构。

不难看出，反复被提及的代码易于被重构、被测试和被理解，是最小成本拥抱变化的具体体现。如果说前一条解耦的原则要求的是从宏观上审视程序设计，那么以上这几条准则是从细节上把握独立的代码片段质量和功能模块的设计。

在接下来的编码过程中，以上这些便是评审代码质量的重要标准之一。

3.1.2　代码的浏览器适配问题

针对浏览器适配代码永远是前端工作的一部分，需要明确本书编码中需要适配的浏览器的最低版本是什么。首先回顾过去几年里的一些新闻：

- 微软已经自己启动了 IE6 告别倒计时[②]；

- jQuery 2.0 已经宣布不再支持 IE6/7/8[③]；

---

① http://singlepageappbook.com/

② https://www.modern.ie/en-us/ie6countdown

③ http://blog.jquery.com/2012/06/28/jquery-core-version-1-9-and-beyond/

- Bootstrap 计划从 4.0 开始不再支持 IE8[①]；

- AngularJS 从 1.3 开始不再支持 IE8[②]；

- eBay 不再支持 IE8 以及更早版本的 Windows 浏览器[③]；

- Twiiter 计划从 2015 年 1 月起停止对 IE8 的支持[④]；

- Google App 从 IE11 发布之日起，不再支持 IE9[⑤]。

不难看出，几乎所有的主流框架和国外商业网站都已经放弃了对 IE8 以及更早 IE 版本的支持。但根据百度统计流量研究院[⑥]的统计结果，2015 年上半年国内环境下 IE8 占比仍然有 25.31%（接下来是 IE9 占比 6.97%，以及 IE6 占比 4.94%），所以，本书代码最低兼容至 IE8 浏览器，这对开发人员编写兼容代码也会是极大的便利。

在考察浏览器对于技术兼容性时，我们会反复用到两个在线资源：http://caniuse.com 与 http://www.quirksmode.org/compatibility.html。前者用于查询 HTML5 特性在不同浏览器中的支持情况，后者用于查询其他非 HTML5 标准样式与脚本特性在不同浏览器中的兼容情况。

3.1.3 仰望星空与脚踏实地

即使已经摒弃了部分低端浏览器，但高级浏览器之间也存在着巨大的差异。例如，有些仍在起草中的技术方案已经被高级浏览器更新进最新的版本里，可是有些看似通用的属性在个别浏览器中依旧得不到支持。在用代码解决问题的过程中，我们会尽可能地尝试不同的解决方案，有常规性质的，也有实验性质的，尽可能把所有的特性都利用起来。

读者可能会好奇，为什么要用这些不够成熟的特性来解决问题，新代码与旧兼容代码并存，造成实现一个功能可能需要双倍时间，这是费力不讨好的事情。新特性方案的优点是高效，对开发人员友好，缺点是需要学习且浏览器支持程度不高。为什么要用这些新方案来解决问题，我可以用在网上找到诸如《使用 HTML5 的十个理由》类似的文章[⑦]来尝试说服你。可本质上这是一个哲学问题，英国哲学家维特根斯坦曾

---

① http://blog.getbootstrap.com/2014/10/29/bootstrap-3-3-0-released/

② https://docs.angularjs.org/guide/ie

③ http://pages.ebay.com/help/account/browser.html

④ https://twittercommunity.com/t/update-on-twitter-for-websites-ie7-and-ie8-browser-support/28234

⑤ https://support.google.com/a/answer/33864?hl=en

⑥ http://tongji.baidu.com/data/browser/

⑦ http://www.smashingmagazine.com/2010/12/10/why-we-should-start-using-css3-and-html5-today/

经提问：如果说谎对我们有利，我们为什么要说实话？如果常规方案能够满足功能需求的话，为什么我们要探索更高效的解决方式？

需要说明的是，当我们采用实验性质的解决方案时，务必是在通用解决方案上做加法，以保证在浏览器不支持新特性的情况下，功能仍然能够正常运行。如果某些浏览器确实不拥有需要的原生特性，开发人员也会准备 polyfill（使用脚本模拟浏览器对某些特性的支持）方案与 fallback（降级替代）来保证功能的正常运作。

3.2　全局样式

首先需要对页面配置全局样式，这些样式通常是影响站点风格的页面级别的代码。把这些代码集中起来做统一的规划和管理，来解决一些开发中可能遇到的差异性问题。

1．视口标签

首先，要在<head>中引入第 2 章中的用于定义视口的<meta>标签。页面应当依据设备的系统分辨率宽度进行渲染，并禁止设备对页面的默认缩放：

```
<head>
<meta name="viewport" content="width=device-width, initial-scale=1" />
</head>
```

2．重置样式

在浏览器中，任何一个 HTML 元素都拥有浏览器赋予它的默认样式，图 3-1 所示的是 Chrome 中的<h1>标签。

图 3-1

可以看出它继承了来自浏览器的 font-size、font-weight 等样式。但糟糕的是，不同浏览器赋予元素的默认样式可能会不同，所以需要引入一类重置性质的样式来消除这些差异。

第一个选择是 Eric Myer 的 reset.css[①]。reset.css 采用简单粗暴的方式来解决这个问题，代码短小精悍。以下是样式表中起始的一段代码：

```
/* http://meyerweb.com/eric/tools/css/reset/
   v2.0 | 20110126
License: none (public domain)
*/

html, body, div, span, applet, object, iframe,
h1, h2, h3, h4, h5, h6, p, blockquote, pre,
a, abbr, acronym, address, big, cite, code,
del, dfn, em, img, ins, kbd, q, s, samp,
small, strike, strong, sub, sup, tt, var,
b, u, i, center,
dl, dt, dd, ol, ul, li,
fieldset, form, label, legend,
table, caption, tbody, tfoot, thead, tr, th, td,
article, aside, canvas, details, embed,
figure, figcaption, footer, header, hgroup,
menu, nav, output, ruby, section, summary,
time, mark, audio, video {
    margin: 0;
    padding: 0;
    border: 0;
    font-size: 100%;
    font: inherit;
    vertical-align: baseline;
}
```

在这一小段代码中，几乎把所有元素的内外边距都清零，重置字体大小为100%。在这种极端情况下，从 h1 至 h6 标签字体大小都一致且与段落<p>的字体大小相同。正如其名，reset.css 就是要通过重置样式以消除不同浏览器下各个元素的样式差异，强制把所有元素样式都放到同一起跑线上。

---

① http://meyerweb.com/eric/tools/css/reset/

　　第二个选择是开源样式 normalize.css^①。与 reset.css 一刀切的做法相反，
normalize.css 承认差异的存在。它在保留浏览器默认样式基础上，通过新增代码
使元素样式在不同浏览器下的行为保持一致，并且修复了一些常见 bug。
normalize.css 里的每一小节样式都有详细的注释，解释这段代码的作用，比如：

```
/**
 * 1. Correct `inline-block` display not defined in IE 8/9.
 * 2. Normalize vertical alignment of `progress` in Chrome, Firefox, and Opera.
 */

audio,
canvas,
progress,
video {
  display: inline-block; /* 1 */
  vertical-align: baseline; /* 2 */
}

/**
 * Prevent modern browsers from displaying `audio` without controls.
 * Remove excess height in iOS 5 devices.
 */

audio:not([controls]) {
  display: none;
  height: 0;
}

/**
 * Address `[hidden]` styling not present in IE 8/9/10.
 * Hide the `template` element in IE 8/9/10/11, Safari, and Firefox < 22.
 */

[hidden],
template {
  display: none;
}
```

---

① https://github.com/necolas/normalize.css

两者都各有优劣，如果选择 reset.css，则还需要额外的工作用于恢复部分样式。normalize.css 像其他第三方代码一样，为了尽可能满足多的需求而包含了一些冗余的内容（如关于 table、form 的重置，尽管页面上不会出现这样的标签元素）。考虑到使用 reset.css 时恢复部分样式需要的成本，最终还是选择 normalize.css。但仍然需要对一部分元素默认样式内外边距重置为 0，这部分重置代码将存放在下一个自定义的全局重置样式列表中。

3. 自定义的全局样式

页面中有一些样式是公用的，例如，不希望<ul>带有浏览器默认的内外边距，不希望超链接带有下划线，或者希望整个站点的字体使用都是微软雅黑，可以确定的是，这些样式在整个站点上都是保持一致的。将这些通用的样式存放在一个自定义的全局样式中，这样便于维护，并取名为 global.css。当然，也可以选择在之后的局部样式 head.css、content.css 中进行覆盖。

3.3 无懈可击的导航栏

这一节中，要基于同一套 HTML 代码，搭配不同的样式，分别制作出桌面端和移动端导航栏。桌面端和移动端产品看似大相径庭，但实际上是承上启下的关系。无论你是以移动优先还是桌面优先，都需要考虑为另一端留出拓展空间。

3.3.1 桌面端

1. 基本布局

先看一下导航的 HTML 结构。假设目前导航栏中只有 4 个选项链接：

```
<nav>
<ul class="nav-container-list">
<li class="nav-list-item"><a href="">Item1</a></li>
<li class="nav-list-item"><a href="">Item2</a></li>
<li class="nav-list-item"><a href="">Item3</a></li>
<li class="nav-list-item"><a href="">Item4</a></li>
</ul>
</nav>
```

图 3-2 所示是上述代码在浏览器中预览的效果。

<ul>标签默认的内外边距，<a>标签自带的默认下划线都是不需要的，导航栏背

景颜色、字体颜色等都需要始终保持一致。
接下来，在 nav.css（专用于存放导航栏样
式的样式文件）中清除默认样式并且添自定
义的全局样式：

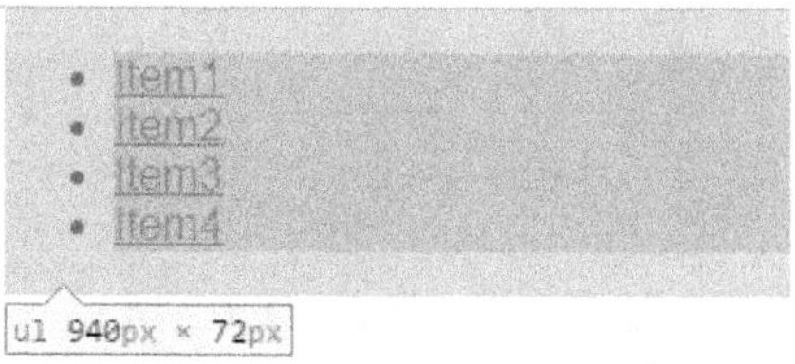

图 3-2

```css
ul {
  margin:0;
  padding:0;
}


a {
  text-decoration: none;
  color: white;
}


li {
list-style-type: none;
}


nav {
  background:#25383C;
  text-align: center; /* 为了让文字居中 */
}
```

鉴于这些代码是导航样式的通用代码，在之后的样式代码编写中就不再重复。

让 4 个链接选项等宽，且浮动向左，即实现了一个最简单的横向桌面导航栏。请
注意，因为是向左浮动，元素会脱离正常的文档流导致父容器无法被撑开，所以需要
添加一个 .clearfix 元素用于清除浮动。

```html
<nav>
<ul class="nav-container-list">
<li class="nav-list-item"><a href="">Item1</a></li>
<li class="nav-list-item"><a href="">Item2</a></li>
<li class="nav-list-item"><a href="">Item3</a></li>
<li class="nav-list-item"><a href="">Item4</a></li>
<li class="clearfix"></li><!--用于清除浮动，撑开父容器-->
</ul>
</nav>
.nav-list-item {
```

```
    color: white;
    float: left;
    width: 25%;
}

.clearfix {
    display: block;
    clear: both;
}
```

效果如图 3-3 所示。

| Item1 | Item2 | Item3 | Item4 |

图 3-3

但是这样做目前存在以下两个问题。

（1）当选项栏链接个数发生改变时，需要手动计算每个选项的宽度，并对样式进行更改。例如，当个数为 3 时，宽度需要改为 width:33.3%。

（2）当桌面显示器较宽而链接个数较少时，链接会过于分散，影响用户体验。可以想象一下，在 1920 px 宽的屏幕上平均分布着 3 个链接，每两个链接之间的间隔相距 640 px，而文章的宽度可能也不过才 640 px，这会显得非常违和。

对于第一个问题，可以借助于 CSS3 的 calc() 函数，让浏览器计算出每个选项的宽度。calc() 可以计算任何计算表达式，即使表达式中减数和被减数使用不同的单位。这在布局开发中是非常有用的。例如，计算有固定宽度的外边距但宽度为百分比单位的容器尺寸时，就可以这么使用：calc(100% - 20 px)。

对于第二个问题，可以通过给 ul 标签添加 max-width 样式来保证它的宽度不大于某个值：

```
.nav-container-list {
    max-width: 1280px; /* 最大宽度不超过1280px */
    margin: 0 auto;    /* 容器居中 */
}

.nav-list-item {
    float: left;
    width: 25%;
    width: calc(100% / 4);
}
```

请注意，原始的 width:25% 与现在的 width:calc(100%/4) 都要同时存在，并且保证顺序是原始的 25% 在前。这样能够避免在 calc() 不支持的浏览器中无备选宽度可用，而如果浏览器支持 calc() 的话，也能够生效覆盖原始的 width:25%。

对读者而言，或许渐进增强与优雅降级是较为陌生的名词，但你未必没有使用过。上面代码中的 width:25% 与 width:calc(100%/4) 共存的例子就是典型的渐进增强，而最简单地使用 <noscript></noscript> 为没有启用脚本的浏览器添加说明就是优雅降级。

渐进增强的意思是基本需求得到满足、实现，但如果条件允许，利用高级浏览器下的新特性提供更好的体验。优雅降级正好相反：现有功能已经开发完备，但需要向下兼容低版本和不支持该功能的浏览器。虽然兼容方案的使用体验不如常规方案，可是保证了功能可用性。

在响应式设计中不会刻意强调渐进增强与优雅降级，但它们确实是用来有效解决问题的一类思维。在后面的内容中还会用到。

2．丰富细节

到目前为止，导航栏的大致格局已经完成了，还需要在导航栏的细节方面做一些优化。

请注意，在设定每一个选项链接的宽度时，我们是将宽度样式设定在 <li> 元素上。这样就会出现图 3-4 所示的问题。

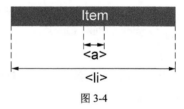

图 3-4

虽然每个菜单链接选项看上去有很富裕的空间，但实际上可点击的 <a> 标签区域是非常小的，仅与包裹住的文字宽度相同。这又会导致不同选项链接文字之间的间隔不同，影响美观，如图 3-5 所示。

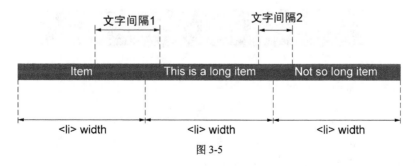

图 3-5

在图 3-5 中虽然<li>元素的宽度是相等的，但是文字间的距离因为文字长度的不同而不同，文字间隔 1 与文字间隔 2 之间的差异可能会非常大。用户更希望看到文字间是等距离的，这样视觉上更加美观。

把<li>的宽度转移至<a>标签中能够解决点击区域的问题，但是无法解决当前间隔问题。

最后别忘了还需要给导航栏设置高度并且让文字垂直居中。一般来说，使文字垂直居中的办法是使 line-height 样式与容器高度相等。例如：

```
nav {
    height: 30px;
line-height: 30px;
}
```

这段代码的风险是，代码中的 height 与 line-height 可能处于不同的样式片段中，在今后更改容器高度时需要维护多处代码。

上面 3 个问题可以通过使用<a>标签内边距 padding 一并解决：删除外层容器<li>的宽度设置，同时给<a>标签添加一个如下的内边距设置：

```
.nav-list-item a {
    display:block; /* 设置为块级元素才能使上下内边距生效 */
    padding: 20px 40px;
}
```

很难单纯地用文字描述 padding 解决问题的原理，使用图片会更直观一些，如图 3-6 所示。

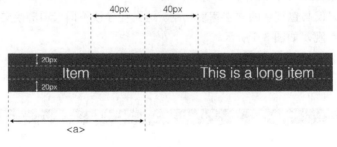

图 3-6

纵向内边距保证了文字距上下边框距离始终一致，从而产生了垂直居中的效果；而横向内边距也保证了文字距左右边框的距离一致，也就保证了不同文字间的横向距离一致；最后内边距也扩展了<a>的可点击区域，提升了用户体验。

但是，因为<li>不再平分父容器宽度（宽度不再是确定值），而且又都是向左浮动的，所以会造成导航栏向左偏移的效果，如图 3-7 所示。

图 3-7

如果你仍然坚持导航栏居中，则移除<li>的向左浮动，更改 display 样式为 inline-block 即可：

```
.nav-list-item {
    display:inline-block;

    /* float:left; 移除*/
    /* width: 25%; 移除*/
    /* width: calc(100% / 4); 移除*/
}
```

同时，因为不再需要浮动，也就不再需要清除浮动了。也就可以移除.clearfix 元素与对应的样式了。

以上的补救方案有以下两处弊端。

（1）导航栏中的文字链接没有办法均匀地分布在导航栏中，因为此时链接之间的间隔完全由.nav-list-item a 的横向内边距决定。

（2）在使用内边距实现导航栏高度的情况下，没有办法精确使用 height 控制导航栏高度。这可能会导致效果与产品文档设计稿产生偏差，如果产品经理要求精确设定高度的话，还是要慎用内边距。

3. 子菜单

接下来要为导航栏添加子菜单。子菜单的实现非常简单，在任意一个<li>标签中添加一个新的<ul>元素，即为该选项下的子菜单元素：

```
<li class="nav-list-item"><a href="">Item2</a></li>
<li class="nav-list-item">
<a href="">Item3</a>
<ul class="nav-submenu-list">
<li class="nav-submenu-item"><a href="">SubItem1</a></li>
<li class="nav-submenu-item"><a href="">SubItem2</a></li>
```

```
<li class="nav-submenu-item"><a href="">SubItem3</a></li>
<li class="nav-submenu-item"><a href="">SubItem4</a></li>
</ul>
</li>
<li class="nav-list-item"><a href="">Item4</a></li>
```

子菜单相对于父容器<li>绝对定位，且恰好在父元素下方（top:100%;），并且默认不显示：

```
/* 通用样式部分 */
nav, .nav-submenu-list {
    background:#25383C;
    text-align: center; /* 为了让文字居中 */
}

.nav-list-item {
    display: inline-block;
    position: relative;
}

.nav-submenu-list {
    back
    display: none;

    position: absolute;
    left: 0;
    top: 100%;
}
```

只有在鼠标悬浮在父容器<li>上时子菜单才显示：

```
.nav-list-item:hover> ul {
    display: block;
}
```

注意，上述代码中子元素选择器 "A > B" 的意思是选择直系的子元素 B，选择该容器内所有 B 类子元素。我们使用 ">" 以保证只展开子菜单，而不包括子菜单的子菜单（如果存在并且也为<ul>标签的话）。

PC 端导航栏到这里就告一段落了。

3.3.2　移动端导航栏

再次回顾一下导航栏的 HTML 结构:

```
<nav>
<ul class="nav-container-list">
<li class="nav-list-item"><a href="">Item1</a></li>
<li class="nav-list-item">
<a href="">Item2</a>
<ul class="nav-submenu-list">
<li class="nav-submenu-item"><a href="">SubItem1</a></li>
<li class="nav-submenu-item"><a href="">SubItem2</a></li>
<li class="nav-submenu-item"><a href="">SubItem3</a></li>
<li class="nav-submenu-item"><a href="">SubItem4</a></li>
</ul>
</li>
<li class="nav-list-item"><a href="">Item3</a></li>
<li class="nav-list-item"><a href="">Item4</a></li>
</ul>
</nav>
```

与移动导航栏相比移动菜单会简单很多,因为移动菜单是垂直排列,所以不需要担心横向排列情况下宽度和文字间距的问题。可以参照之前的经验,使用内边距控制元素的垂直居中以及水平宽度,在这一点上与桌面端保持一致。事实上,移动导航栏使用一小段代码即可:

```
.nav-list-item a {
    color: white;
    display: block;
    padding: 20px 40px;
}
```

我们继续添加子菜单样式。同样延续桌面端的处理方式,当鼠标悬浮在父容器上时显示,默认隐藏:

```
.nav-list-item:hover> ul {
    display: block;
}


.nav-submenu-list {
```

```
    display: none;
}
```

效果如图 3-8 所示。

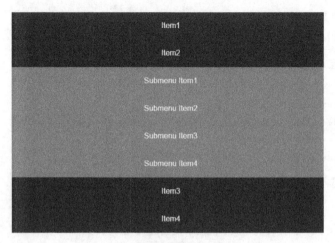

图 3-8

手机屏幕的区域是非常有限的，默认情况下菜单应该处于收起状态，而让用户看到更多网站自身的内容。只有当用户需要进行导航时，才允许通过点击的方式展开导航栏。所以要添加一个能够展开收起导航的按钮，如图 3-9 所示。

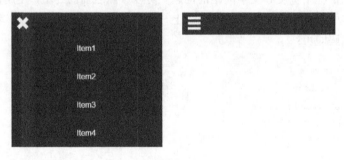

图 3-9

对应的 .menu-btn 按钮代码如下：

```
<nav>
<div class="menu-btn">
<a href="javascript:void(0)" class="menu-btn-icon btn-icon-close"></a>
<div class="clearfix"></div>
```

```
</div>
<ul class="nav-container-list">
```

这里需要按钮向左浮动处于左侧，所以像之前一样添加了清除浮动的样式.clearfix。代码如下：

```
.menu-btn {
    border: none;
    padding: 8px 0;
}
.clearfix {
    content: '';
    display: block;
    clear: both;
}
.btn-icon-close {
    background: url("./images/cross.png") no-repeat center center;
}
.btn-icon-menu {
    background: url("./images/menu.png") no-repeat center center;
}
.menu-btn-icon {
    border: none;
    width: 30px;
    height: 30px;
    background-size: cover; /* 保证背景图片始终覆盖容器 */
    float: left;
    cursor: pointer;
    margin-left: 10px;
}
```

为了实现点击收起和展开的效果，还需要添加一段 JavaScript 脚本：

```
var btn = document.querySelector('.menu-btn-icon');
var menu = document.querySelector('.nav-container-list');
var menuIsCollapse = false;

btn.onclick = function () {
    menuIsCollapse = !menuIsCollapse;
    if (menuIsCollapse) {
        menu.style.display = 'none';
```

```
        btn.classList.remove('btn-icon-close');
        btn.classList.add('btn-icon-menu');
    } else {
        menu.style.display = 'block';
        btn.classList.remove('btn-icon-menu');
        btn.classList.add('btn-icon-close');
    }
}
```

这是一段质量非常糟糕的脚本，能了解它的大意即可，因为在后面的章节中会对其逐渐改进。

小结

本章实现了两个"独立"的导航栏，但是除了基于同一套布局外，还没有其他办法能让它们联系起来。这是在以后的内容中要解决的问题。

但请注意，这两个导航栏仍然有非常多不易被察觉的缺陷。例如，要依赖脚本实现导航栏的折叠收起，依然使用图片作为折叠按钮的图标。这些都是可优化之处，也留在后面的章节中逐个解决。

第 *4* 章

布局——响应式篇

第 3 章介绍了一个常规的前端功能是如何开发的，本章除了继续以响应式的方式完善第 3 章示例的功能外，还会引入更多响应式技术来完善整个页面的开发工作。

4.1 媒体查询

4.1.1 为什么需要媒体查询

把第 3 章完成的导航栏放入实际的手机浏览器中预览，看似还不错，如图 4-1 所示。但是，考虑到今后还有可能加入多个链接选项，情况就不容乐观了，如图 4-2 所示。

图 4-1

图 4-2

于是在设计稿中出现了针对移动设备的另一种导航栏排列的样式，将导航选项垂直排列以避免拥挤，如图 4-3 所示。

图 4-3

不仅是导航栏，整个页面都存在类似风险。假设页面宽度为常规的 960 px，那么无论是在 24 英寸的显示器屏幕上显示，还是 3.4 英寸的移动设备屏幕上显示，页面都会显得非常不自然：在过宽的屏幕上，页面无法利用空余两侧的空间，这里本可以为用户提供更多的内容。如果使用流式布局让页面内容始终充满视口，每行文字的长度也会造成阅读不适。在窄小的移动设备上就更明显了，用户要么忍受被缩小的页面，要么忍受无尽的滚动条，如图 4-4 和图 4-5 所示。

图 4-4

图 4-5

所以理想的情况是，页面在不同大小的设备屏幕上拥有不同的布局和样式，以便充分适配设备。就像这些随手在 mediaqueri.es[①]（一个专门收集使用了响应式设计和媒体查询优秀网站的站点）上找到的站点一样，如图 4-6 所示。

图 4-6

---

① http://mediaqueri.es/

4.1.2 什么是媒体查询

这里不谈如何在不同的设备上设计恰当的布局，而是跳到下一步骤，思考如何从技术上实现布局。这就是本节要讲的媒体查询（media query）。

首先看一段简单的媒体查询代码：

```
@media only screen and (max-width: 600px) {
    .sidebar {
        display: none;
    }
}
```

这段代码"翻译"后的意思是：当页面仅（only）在屏幕（screen，之所以强调屏幕是因为页面还有可能被打印、被投影）上显示，且页面的宽度不超过 600 px（max-width：600 px）时，让侧边栏（.sidebar）隐藏（display:none;）。

可以看出媒体查询表达式@media only screen and (max-width: 600 px)包含两类查询条件。

（1）媒体类型（media type）。在最新的 W3C 规定的 media uqery4 的草案中，只规定了 4 类媒体类型，分别是 all（所有设备）、print（打印设备，包括浏览器的答应预览状态）、speech（能够"读出"页面的屏幕阅读设备，通常供残疾人士使用）和 screen（除打印设备和屏幕阅读设备以外的所有设备）。同时 CSS2.1 和 CSS3 中也有规定媒体设备，如 tv、aural 和 projection。但在版本 4 中规定，浏览器不再响应这些媒体类型。如果没有指定媒体类型，那么默认取值 all。

（2）媒体特征表达式（media feature expression）。表达式中包含的是在该设备上验证的媒体特征，如是否超过希望的最大宽度，是否为某种指定设备，是否是高清屏幕等。可供验证的媒体特征条件非常多，根据 media query4 的标准，包括但不限于width、max-width（最大不超过的宽度）、min-width（最小不小于的宽度）、device-width、aspect-ratio、color、resolution 等，几乎涵盖了所有手机设备的特征，但并非所有手机浏览器都支持这些属性的查询。

如果媒体查询返回为真，特征表达式返回为 true，说明当前设备展现页面的条件符合预期。那么媒体查询块内的样式语句即生效（.sidebar { display: none;}）。这样就实现了通过查询当前页面和设备是否符合某一特定情况，来为其提供指定的样式。媒体查询不仅可以书写在样式表中，还可以直接写入到样式外链<link>中。例如可以把上面的媒体查询改写外链形式：

```
<link rel="stylesheet" media="only screen and (max-width: 600px)" type="text/css"
href="example.css">
```

但是，出于上线和性能的考虑，不会采用在外链上增加媒体查询来加载针对性的样式，因为这会增加额外的请求成本。

4.1.3 媒体查询中的逻辑

毫不避讳地说，媒体查询就是样式表中的 if 语句，通过判断表达式的真假来执行特定的分支（加载特定的样式）。媒体查询中同样存在与、或、非的操作，来处理更复杂的情况。

与（and）：使用 and 关键字可以将媒体类型和多个媒体特征联系起来，只要当这些条件全部为真时，该媒体查询才算成立，该媒体查询的样式才会生效。例如：

```
@media (min-width: 320px) and (orientation: landscape) {
.sidebar {
    display:none;
}
}
```

仅当页面宽度大于 320 px 并且手机是水平放置时，查询表达式成立。两者中任一条件不满足，该样式都不会生效。

或（or）：使用逗号（,）分隔符可以将多个媒体查询隔离开，如果这多个查询条件中的任意一个查询返回 true，则该样式生效，例如：

```
@media (min-width: 320px), all and (orientation: landscape) {
.sidebar {
    display:none;
}
}
```

只要页面宽度大于 320 px（符合第一个条件，无论是否符合第二个条件），该样式即生效；即使页面宽度不大于 320 px，但该手机水平放置（不符合第一个条件，只符合第二个条件），该样式仍然生效。与编程中的 || 操作一致。

非（not）：使用 not 关键字就是对当前的媒体查询条件取反操作。例如，在 not (max-width: 600 px)中，只有 max-width: 600 px 不成立、页面宽度大于 600 px 时，该媒体查询才成立。但是请注意当 not 与 and 同时出现时，not 仍然是

对整个媒体查询生效，而不是只对距离最近的条件生效。例如，媒体查询（注意括号位置）

```
not all and (max-width: 600px)
```

意思是

```
not (all and (max-width: 600px))
```

而不是：

```
(not all) and (max-width: 600px)
```

同时也要注意 not 与逗号分隔的多个媒体查询同时存在的情况，此时 not 只对它所在的那个媒体查询生效，对之前或者之后的媒体查询并不生效。例如（注意括号位置）：

```
not all and (max-width: 600px), (orientation: landscape)
```

意为

```
(not all and (max-width: 600px)), (orientation: landscape)
```

而不是

```
(not all and (max-width: 600px), (orientation: landscape))
```

4.1.4　媒体查询的策略

刚才学习的媒体查询语法已经能够解决本节开头描述的问题，但如果可以有技巧地编写媒体查询代码、使用恰当的媒体查询策略，还能进一步达到事半功倍的效果。

1．顺序

为了兼容多种设备，通常会提供多个媒体查询。这种情况下如何书写媒体查询语句就显得很重要了，相同的代码片段以不同的顺序排列也会导致不同的结果。假设有这么一组查询语句：

```
/* 规则 1 */
@media (min-width: 320px) {
  html { background: red; }
}
```

```
/* 规则 2 */
@media (min-width: 800px) {
  html { background: green; }
}


/* 规则 3 */
@media (min-width: 1024px) {
  html { background: blue; }
}
```

媒体查询匹配规则与样式表是一致的，当一个宽度为 1000 px 的页面进行媒体查询匹配时，它会从后往前进行匹配，一旦匹配成功则立即终止。很明显 1000 在 800~1024，当从后往前匹配时，规则 3 不符合被抛弃，规则 2 匹配成功。那么页面此时的背景颜色为绿色 green。

但是，如果把上面的语句颠倒一下顺序，看看会发生什么：

```
/* 规则 1 */
@media (min-width: 1024px) {
  html { background: blue; }
}


/* 规则 2 */
@media (min-width: 800px) {
  html { background: green; }
}


/* 规则 3 */
@media (min-width: 320px) {
  html { background: red; }
}
```

宽度 1000 px 大于 320 px，规则 3 匹配成功，查询立即终止，前两条规则无效。此时页面背景为红色（red）。

2. max-width 与 min-width

根据页面宽度由窄至宽划分（小于 320 px、320 px 至 1024 px、1024 px 以上），分别提供 3 类布局样式，一般会采用类似于分支语句的方式：

```
@media (max-width: 320px) {

}
@media (min-width: 321px) and (max-width: 1024px) {

}
@media (min-width: 1024px) {

}
```

但是，其实还可以做得更简洁：

```
/* 当设备宽度还不足 320px 的移动设备情况 */
html {

}

/* 宽度为 320px 至 1024 时 */
@media (min-width: 320px;) {

}

/* 宽度大于 1024px 至无穷时 */
@media (min-width: 1024px) {

}
```

这种组织方式称为**移动优先**（mobile-first），顾名思义，在这种情况下希望页面优先采用移动样式。它的特征是使用 min-width 匹配页面宽度。可以想象当从上至下书写样式时，首先考虑的是移动设备使用场景，（默认）查询的是最窄的情况（如上面默认的 html 中的样式对宽度不到 320 px 的页面生效），再依次考虑设备屏幕逐渐变宽，如图 4-7 所示。

还有另外一种情况：

```
/* 不设定宽度的情况 */
html {

}
```

```
/* 当页面宽度不超过1024px时 */
@media (max-width: 1024px) {

}

/* 当页面宽度不超过320px时 */
@media (max-width: 320px) {

}
```

　　与移动优先相反，这一类称为桌面优先（desktop-first），它采用 max-width 判断页面宽度的匹配情况。当我们从上向下书写样式时，首先考虑在一般桌面显示器上的效果，再依次递减宽度，考虑更窄设备上的场景，如图4-8所示。

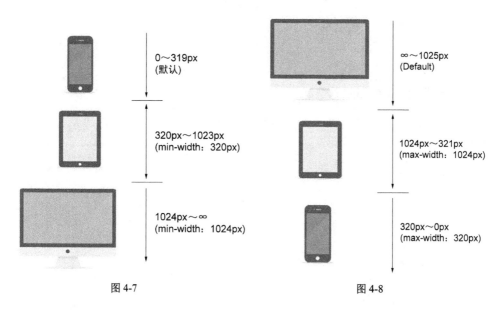

图 4-7　　　　　　　　　　　　　　　　　　图 4-8

　　但是孰优孰劣并没有一个清晰的界限。本书提倡移动优先，因为做加法容易，做减法很难（删减内容、删减栏目并调整布局）。在编码方面移动优先也能较好地做到代码简洁。考虑这样一个需求：在移动设备上文章模块.article 和侧边栏.sidebar 都属块级元素且布局垂直排列显示，但在桌面显示器中要求两者分别需要向左和向右浮动形成水平布局，如图4-9所示。

　　只考虑.article 的样式，假设采用移动优先的方式编写代码，则在移动样式下无需对宽度做特殊处理：

```
// 默认情况下，块级元素即垂直排列。所以无需指定样式

// 移动设备上再对元素样式进行修改
@media (min-width:960px) {
    .article {
        float:left;
        width:60%;
    }
}
```

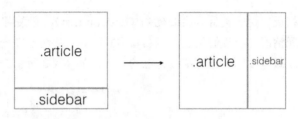

图 4-9

如果采用桌面优先的方式：

```
/* 桌面情况下，.article 与.sidebar 内容向左右排列 */
.article {
    float:left;
    width:60%;
}

/* 移动设备上，清除浮动样式，恢复宽度，恢复块级元素默认垂直排列 */
@media (max-width:960px) {
    .article {
        float:none;
        width:100%;
    }
}
```

如上所示，如果采用桌面优先方式，则需要同时指定桌面样式与移动端样式，并且为了保证移动样式能够正常显示且不被之前的桌面样式干扰，还需要对样式进行重置或覆盖。移动优先具有优势，但大部分项目因为历史或者成本原因无法重构页面。所以只能采用桌面优先，在桌面样式基础上进行降级处理。

本书中的案例均采取移动优先。

3. device-width 与 width

为什么不用 device-width（设备视口宽度），而要用 width（当前页面宽度）作为媒体查询的条件呢？例如，代码可以改为：

```
/*当设备宽度不超过 320px 时*/
@media (max-device-width: 320px) {

}
```

即使这样修改后对最终效果不产生影响，这个方案也是不提倡的。因为 device-width 是设备维度的属性，使用 device-width 也就意味着在针对设备进行编程。但设备是无限的，今天 iPhone 4s 的设备宽度是 320 px，没有人知道 iPhone 14 的设备宽度会是多少。更何况我们面对的设备不仅仅是手机，未来还有可能是穿戴设备、VR（虚拟现实）设备等。

这又会引出另一个问题，如果不以设备作为衡量尺度，媒体查询的布局断点（layout break points）应该如何设置？在这个问题上，本书赞同 Stephen Hay 的办法[①]：

开始从小屏幕设备上浏览器你的网页，逐渐向大屏幕转移，页面由此也会变得越来越宽。当你突然发现页面看上去变得糟糕了，设断点的时候到了！

也就是说，Stephen 认为，判断断点存在价值的依据应该是是否让页面看上去更好，如果一个页面在 Galaxy S4 和 iPhone 4s 上看上去没有太大差别，那又何必强行在 320 px 处设置一个断点呢？

4.1.5 导航栏与媒体查询

前几节已经讲解了关于媒体查询的基本知识，接下来把媒体查询用在第 3 章制作的导航栏中。

根据观察，并结合上面所说的依据实际需求来设置媒体查询断点，只在 480 px 处设置一处断点。同时，因为倾向移动优先，所以首先将主要的移动导航的样式照搬下来：

```
/*
样式重置与通用部分忽略
*/
```

① http://bradfrost.com/blog/mobile/bdconf-stephen-hay-presents-responsive-design-workflow/

```css
.nav-list-item a {
    color: white;
    display: block;
    padding: 20px 40px;
}
.nav-list-item:hover > ul {
    display: block;
}

.nav-submenu-list {
    display: none;
}

/*
    按钮部分样式：
*/

.menu-btn {
    border: none;
    padding: 8px 0;
}

.clearfix {
    content: '';
    display: block;
    clear: both;
}

.btn-icon-close {
    background: url("./images/cross.png") no-repeat center center;
}

.btn-icon-menu {
    background: url("./images/menu.png") no-repeat center center;
}

.menu-btn-icon {
    border: none;
    width: 30px;
    height: 30px;
```

```
background-size: cover; /* 保证背景图片始终覆盖容器 */
float: left;
cursor: pointer;
margin-left: 10px;
}
```

可以判断这部分代码与相同样式的桌面导航并无冲突，于是可以继续添加媒体查询，在更宽的宽度下添加桌面样式即可。

```
/*
   样式重置与通用部分忽略
 */
.nav-list-item a {
    color: white;
    display: block;
    padding: 20px 40px;
}
.nav-list-item:hover > ul {
    display: block;
}

.nav-submenu-list {
    display: none;
}

/*
   按钮部分样式：
 */

.menu-btn {
    border: none;
    padding: 8px 0;
}

.clearfix {
    content: '';
    display: block;
    clear: both;
}
```

```css
.btn-icon-close {
    background: url("./images/cross.png") no-repeat center center;
}


.btn-icon-menu {
    background: url("./images/menu.png") no-repeat center center;
}


.menu-btn-icon {
    border: none;
    width: 30px;
    height: 30px;
    background-size: cover; /* 保证背景图片始终覆盖容器 */
    float: left;
    cursor: pointer;
    margin-left: 10px;
}

@media all and (min-width: 480px) {
    .nav-list-item {
        display: inline-block;
        position: relative;
    }

    .nav-submenu-list {
        display: none;

        position: absolute;
        left: 0;
        top: 100%;
    }

    .nav-container-list {
        max-width: 1280px;
        margin: 0 auto;
    }

    /* 别忘了，在桌面导航中我们不需要收起按钮 */
    .menu-btn {
        display:none;
```

```
    }
}
```

别忘了还在使用脚本控制 `.nav-container-list` 的显示隐藏来实现移动端导航的收起与展开，但是在 `.nav-container-list` 隐藏的情况下，当页面切换到桌面状态时（视口宽度大于 480 px），导航栏会变得不可见。所以需要在脚本中实时判断视口宽度是否大于 480 px，如果是，则无论如何导航栏都要显示。

脚本可以在 `resize` 事件中通过获取 `window.innerWidth` 来判断视口宽度，但它只是作为备选方案。这里首推 `window.matchMedia` 方法。`matchMedia` 可以执行传入的媒体查询表达式，并返回一个 `MediaQueryList` 对象（以下简称为 `mql`），该对象包含对查询表达式的执行结果。也可以给该对象添加一个监听函数，来实时获取表达式执行的结果。

以导航栏为例，若希望实时判断视口宽度是否大于 480 px。首先获取当前的 `mql`：

```
var mql = window.matchMedia("(min-width: 480px)");
```

如果当前视口宽度符合 `min-width:480 px` 查询条件，则 `mql.matches` 结果为 `true`，否则为 `false`。接着继续添加监听函数：

```
function mediaChangeHandler(mql) {
    // 匹配成功，导航栏宽度大于 480px
    // 则无论如何也显示导航栏
    if (mql.matches) {
        menu.style.display = '';
    }
    else {
        if (menuIsCollapse) {
            menu.style.display = 'none';
        } else {
            menu.style.display = '';
        }
    }
}

var mql = window.matchMedia("(min-width: 480px)");
mql.addListener(mediaChangeHandler);
mediaChangeHandler(mql);
```

请注意，最后还需要执行一遍 `mediaChangeHandler` 函数，因为 `mql.`

addListener(mediaChangeHandler)仅仅是添加监听函数，而还没有对当下情况做出响应，而执行 mediaChangeHandler(mql)就相当于完成了一次初始化。

对于不支持 matchMedia 的浏览器，将采用监听 resize 事件的方式。完整代码如下：

```
if (window.matchMedia) {
    var mql = window.matchMedia("(min-width: 480px)");
    mql.addListener(mediaChangeHandler);
    mediaChangeHandler(mql);
} else {
    window.addEventListener('resize', function () {
        var innerWidth = window.innerWidth
                    || document.documentElement.clientWidth
                    || document.body.clientWidth;
        mediaChangeHandler(
            innerWidth >= 480
                ? {matches: true}
                : {matches: false})
    }, false);
}


function mediaChangeHandler(mql) {
    // 匹配成功，导航栏宽度大于480px
    // 则无论如何也显示导航栏
    if (mql.matches) {
        menu.style.display = '';
    }
    else {
        if (menuIsCollapse) {
            menu.style.display = 'none';
        } else {
            menu.style.display = '';
        }
    }
}
```

4.1.6　polyfill

如果浏览器不支持媒体查询怎么办？选择使用 HTML5 语义标签<nav>，但这同样具有风险。因为页面必须兼容至 IE8 浏览器，所以需要在 caniuse.com 查询一下不同浏览器对 CSS3 Media Queries 和语义化标签这两个属性的支持情况。对 CSS3 Media Queries 的支持情况[①]，如图 4-10 所示。对语义化标签的支持情况[②]，如图 4-11 所示。

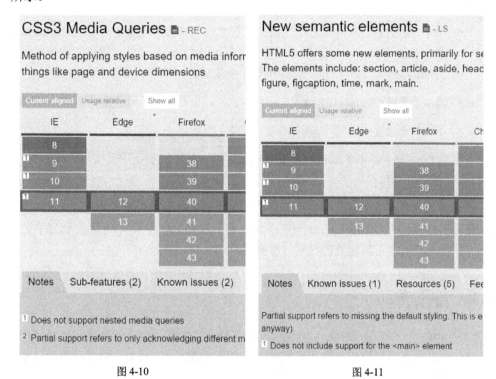

图 4-10　　　　　　　　　　　　　　　　图 4-11

由这两张图可以看出，除 IE8 以外所有浏览器都对这两个特性有良好的支持。但是，因为有 IE8 的存在，仍然要准备替代方案来保证页面运行。

首先使用开源项目 Respond.js[③]作为媒体查询的 polyfill。它非常轻量，压缩后的脚本只有 3 KB，gzip 压缩后体积甚至能降至 1 KB。使用起来也非常简单，将外链脚本置于所有的样式之后即可。

它工作的原理之一是会通过 Ajax 再一次请求页面中已经被引用的所有样式表，并逐一解析。所以请确保 Respond.js 能够请求到样式表（如果样式被存放在不同的域

---

① http://caniuse.com/#feat=css-mediaqueries

② http://caniuse.com/#feat=html5semantic

③ https://github.com/scottjehl/Respond

名或者 CDN 上的话，请做这方面的跨域支持），同时也请确保第一次请求样式表的结果可以被浏览器很好地缓存了起来，而不必再次向服务器发送请求。

这个脚本方案也并非万能，在项目的文档 README.md 中有一些注意事项需要大家留意，例如：

- 脚本（考虑到性能，可维护性还有文件大小）只会关注最小宽度（min-width）、最大宽度（max-width）以及媒体类型（media type）这几个媒体查询条件，其他样式表中的媒体查询条件则仍然不会生效；

- 脚本不会解析通过@import引用的样式表，也不会解析元素样式上的媒体查询；

- 不支持嵌套的媒体查询。

更多工作细节及 API 接口可以参考项目文档。使用时引用项目根目录./dest 下的 respond.min.js 即可。

对于 IE8 不支持语义化标签的问题，使用开源项目 html5shiv[1]作为弥补。使用方法是将项目根目录./dist 下的 html5shiv.min.js 引入页面。`html5shiv` 主要修复不识别语义化标签浏览器下新标签的样式与渲染问题。

4.2 伸缩布局

伸缩布局（flexbox layout）旨在让子元素能够充分利用父元素的空间，以便更有效地排列、对齐、平均分布等。简单来说，伸缩布局让水平居中、垂直居中和元素对齐变得更容易。

4.2.1 为什么需要伸缩布局

仔细想来，Web 开发中一直没有用于布局的专业样式属性。通常布局中使用的浮动、负外边距，乃至早年的表格，本意都并非为布局使用。今天要引入的 HTML5 的伸缩布局模型，它才是布局梦寐以求的工具。

4.2.2 快速入门

本节不会详细讲解与伸缩布局有关的每一个样式属性，毕竟它不是本章的重点。本节将介绍与响应式相关的部分。如果想全面了解伸缩布局，推荐阅读 css-tricks 网站

---

① https://github.com/aFarkas/html5shiv

上这篇伸缩布局的入门文章《A Complete Guide to Flexbox》[①]。

为了举例说明如何使用，下面看一段非常简单的 HTML 结构：

```
<style type="text/css">
    .parent {
        boder:1px solid black;
    }
    .child {
        background: skyblue;
    }
</style>

<div class="parent">
<a class="child">A</a>
<a class="child">B</a>
<a class="child">C</a>
<a class="child">D</a>
</div>
```

首先启用伸缩布局，即修改父元素的 display 值为 flexbox。

```
.parent {
    border:1px solid black;
    display:flex;
}
```

看上去布局没有发生什么变化，如图 4-12 所示。

这是当然的了，因为如果想让子元素按照某种方式排列，还需要仔细告诉浏览器"某种方式"的规则和细节。例如，父元素需要知道子元素是应该按纵向，还是横向排列。在这里，排列方式和导航类似，4 个子元素横向排列。于是设置 flex-direction 属性为 row，也就是从左至右。同理还可以设置值为相反的从右至左 row-reverse。甚至设置为纵向 column 或者纵向反向 column-reverse。默认 flex-direction 取值为 row。

```
.parent {
    border:1px solid black;
    display:flex;
```

---

① https://css-tricks.com/snippets/css/a-guide-to-flexbox/

```
    flex-direction: row; /* 默认 */
}
```

接着，还需要明确子元素与父元素的位置。是应该紧挨父元素左侧开始排列（flex-start，默认值）、右侧（flex-end）或者居中（center）？都不是。这里希望子元素能够平均分布在父容器中。于是可以将 justify-content 属性设置为 space-around：

```
.parent {
    border: 1px solid black;
    display: flex;
    flex-direction: row;
    justify-content: space-around;
}
```

综上所述，将这些属性加入样式表中，就达到期望的效果了，如图 4-13 所示。

图 4-12   图 4-13

如此看来，利用伸缩布局，不对元素做特殊设置就能让子元素整齐排列。

4.2.3 基本应用

伸缩布局不仅可以用在元素内子元素的元素排列，甚至还可以用在页面级别的布局设计中。假设有一个横向的 3 列布局的页面，如图 4-14 所示。

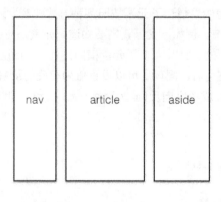

图 4-14

在编写 HTML 代码时，不会按照设计稿中"导航"（nav）"文章"（article）和"侧栏"（aside）的顺序编写，而是将"文章"前置：

```
<article></article>
<nav></nav>
<aside></aside>
```

这么做是出于搜索引擎优化（SEO，提高页面在搜索结果中的排名）的考虑，为了使搜索引擎更好地抓取到页面内容。

但是，为了还原设计稿，开发人员通过样式来让<article>居中，而<nav>在展现中前置。这个最著名的技巧就是浮动与负外边距的组合，主要布局样式如下：

```
article {
    width: 50%;
    float: left;
    margin-left: 20%;
}
nav {
    width: 20%;
    float: left;
    margin-left: -70%;
}
aside {
    width: 30%;
    float: left;
}
```

工作原理如图 4-15 所示，3 个容器同时向左浮动，<article>向左浮动，通过 margin-left 腾出与<nav>相同的宽度用于放置<nav>；<nav>也向左浮动，向左的外边距为负值且为<article>与<nav>宽度之和。

如果想要实现更复杂的布局，则需要学习更多的技巧。例如，设计负外边距和添加额外的容器（更多的类似负外边距的布局可以参考 http://blog.html.it/layoutgala/index.html）。对了，这对后来维护你代码的人来说简直就是灾难，他必须借助纸和笔花上半天的工夫来还原这一段布局。

但是，如果使用伸缩布局，事情就会变得简单很多。

首先把<body>改为伸缩布局：

```
body {
    display: flex;
    flex-direction: row;
}
```

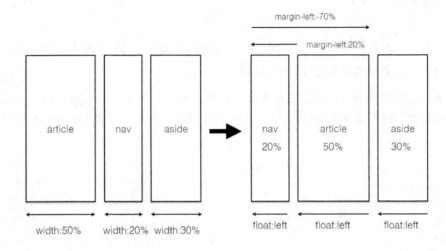

图 4-15

接下来只需要给不同的子元素赋予不同的优先级即可，因为在伸缩布局中，元素按照优先级数字从小到大、从左至右排列：

```
nav {
    order: 0;
}
article {
    order: 1;
}
aside {
    order: 2;
}
```

4.2.4　回归导航栏 **flexbox.css**

最后把有关 flexbox 的设置移植到正在制作的页面中，但是形式方面要稍做一些修改。要另外准备一个 flexbox.css，将不同功能的样式归到不同样式类名下以便于维护。再采用组合模式，为容器添加需要的 flex 属性相关的样式类名称。

flexbox.css 代码如下：

```
/* 启用伸缩布局 */
.flex-enable {
    display: -webkit-box;
    display: -webkit-flex;
    display: -ms-flexbox;
    display: flex;
}

/* 子元素横向排列 */
.flex-row {
    /* box-direction / box-orient / flexbox-direction 在某些旧版本的浏览器上生效 */
    -moz-box-direction: row;
    -webkit-box-direction: row;
    -webkit-box-orient: horizontal;
    -webkit-flex-direction: row;
    -ms-flexbox-direction: row;
    -ms-flex-direction: row;
    flex-direction: row;
}

/* 子元素平均分布在父容器中 */
.flex-justify-space-around {
    /* flex-pack / box-pack 在某些旧版本的浏览器上生效 */
    justify-content:space-around;
    -webkit-justify-content: space-around;
    -ms-flex-pack: justify;
    -webkit-box-pack: justify;
    -moz-box-pack: justify;
}
```

将需要的样式类名称添加到 `.nav-container-list` 容器上即可：

```
<ul class="nav-container-list flex-enable flex-row flex-justify-space-around">
```

此时可以把 `nav.css` 中用于居中的样式移除掉，移除 `.nav` 样式中的 `text-align: center` 与 `.nav-list-item` 的 `display:inline-block`。利用伸缩布局实现的导航也可以避免上一个版本中内边距导致选项无法均匀分布的问题。

4.3　相对单位

先来看一下单位 px 常被人诟病的几个地方。

1. 覆盖浏览器默认字体大小

在设置 body 字体大小时采用的最佳实践通常是：

```
body {
font-size:100%;
}
```

可大部分浏览器的默认字体大小都为 16 px，为什么不直接把 font-size 设置为 16 px 呢？

```
body {
font-size:16px;
}
```

因为也存在用户自定义默认字体大小为其他数值的情况。例如，当视力不佳的用户将浏览器默认字体大小调整为 20 px 时，如果还是把 body 默认字体大小重置为 16 px，这明显违背了用户意图并且给用户造成了不便。font-size:100% 则意味着 100% 按照浏览器的默认字体大小设置（20×100%）。

遗憾的是，即使如此，大部分情况下还是会采用 16 px 作为 body 默认字体大小。而且这么做的原因恰恰如上所说，使用绝对字体大小能够覆盖用户的默认设置，尽可能地还原设计，避免字体大小不可控而扰乱布局的麻烦。

2. px 永远也不会被放大

在之前设计导航时，之所以还存在移动端样式导航，是因为在过窄的屏幕上并不适合放下整行平铺式的布局。将用于变化两种导航样式的断点设置为 480 px：

```
@media (min-width:480px) {
}
```

想象一下，如果在一个宽度大于 480 px 的布局上（此时导航栏应该是平铺状态），尝试放大页面（同时按住 Ctrl 键与+键），直到页面超出视口宽度，视口无法容下导航栏。虽然此时导航栏已经溢出了屏幕可视区域，但导航栏仍然保持平铺横向排列状态（因为视口宽度并没有改变）。可我们更希望此时导航栏能够变成移动版垂直排列的样式，这样才能解决导航栏溢出的问题。

庆幸的是，这一情况已经在很多的浏览器中得到了改善。当以某种比例放大页面的同时，浏览器也会按照相应的比例缩小视口。例如，将一个视口宽度为 1000 px 的浏览器放大至 150%，此时视口的宽度应该为 1000×(100/150) = 667 px，也就是原来的

2/3，这样便有机会触发媒体查询。但这一转化并非在所有浏览器中都支持，上面所说的风险仍然存在。

3. 在编写媒体查询代码时是一个噩梦

继续以 480 px 的布局断点为例，假设要为移动端和桌面端的不同元素分别准备不同大小的字体，媒体查询代码如下：

```
body {
    font-size: 12px;
}
h1 {
    font-size: 24px;
}
h2 {
    font-size: 18px;
}

@media (min-width:480px) {
    body {
        font-size: 16px;
    }
    h1 {
        font-size:32px;
    }
    h2 {
        font-size: 24px;
    }
}
```

这么做的麻烦在于开发人员不得不在每一组媒体查询中都重写每一类元素字体的大小。但是，事实上后一组媒体查询中字体大小是前一组相同元素的 4/3 倍。

4.3.1 相对单位 em

字体的百分比单位就是一个相对单位，如 {font-size: 80%} 意味着该元素的字体大小为父元素字体大小的 80%。但今天要引入一个新的相对单位 em。em 作为字体单位时规则与百分比单位类似，都是相对于最近父元素设置字体大小。作为字体单位来说，%与 em 是等价的，但作为容器的尺寸单位而言两者执行的规则不同。

例如，当 body 字体大小为 16 px 时，body 中子元素字体 1 em 大小即为 16 px

（1×16)，2 em 即为 32 px（2×16）。同时，我们可以将子元素字体大小像素单位转化为 em 单位，公式是：

子元素字体大小 px 值 / 父元素字体大小 px 值 = 子元素字体大小 em 值

因此，一种使用 em 单位的实践是，先将 body 字体大小设置为默认的 62.5%：`body{font-size:62.5%;}`，前提是浏览器的字体大小默认为 16 px（16×0.625 = 10）。这样一来，任何 em 单位想还原为 px 单位，只要将 em 单位数值放大十倍就好了。此时 1 em 即 10 px，2 em 即 20 px，5 em 即 5 px。

下面的对比很好地诠释了 em 是如何工作的。如图 4-16 所示，左右都采用相同的嵌套结构，并且每一个元素字体大小数值都相同，不同的是左侧字体采用 em 作为单位，右侧字体采用 px 作为单位。因为 em 大小是相对于父元素字体大小而言，所以图 4-16 中左侧子元素的字体在逐渐增大，而右侧因为使用了绝对单位，字体则始终保持不变。代码如下：

```
<style type="text/css">
    .font-size {
        font-size: 1.5em;
    }
</style>
<div class="font-zie">
<p>Sample Text</p>
<div class="font-size">
<p>Sample Text</p>
<div class="font-size">
<p>Sample Text</p>
</div>
</div>
</div>
```

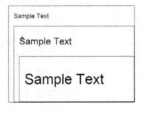

font-size:1.5em

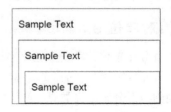

font-size:32px

图 4-16

更重要的一个特性是，如果父元素字体大小改变，那么采用 em 作为字体单位的子元素字体大小也会跟着改变。利用这一点就能改写媒体查询中 px 被人诟病的地方的最后一项：

```
body {
    font-size: 12px;
}
h1 {
    font-size: 2em;
}
h2 {
    font-size: 1.5em;
}


@media (min-width:480px) {
    body {
        /*
        因为其他字体使用 em 单位的缘故
        我们在这里只需要修改 body 字体大小即可影响到其他字体大小
        */
        font-size: 16px;
    }
}
```

4.3.2　相对单位 rem

rem 单位与 em 类似，只不过 em 是相对于最近父元素，而 rem 则始终效忠于根（root）元素 html。也就是说 html 元素内的任何元素，只要字体大小采用 rem 作为单位，那么都是以 html 字体大小作为参照，即使该元素可能不是根元素的直接子元素，代码效果如图 4-17 所示。

```
<style type="text/css">
    .font-size {
        font-size: 2rem;
    }
</style>
<div class="font-zie">
<p>Sample Text</p>
<div class="font-size">
<p>Sample Text</p>
```

67

```
<div class="font-size">
<p>Sample Text</p>
</div>
</div>
</div>
```

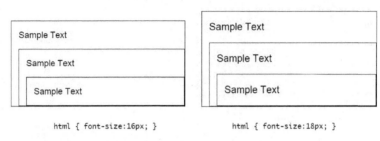

html { font-size:16px; }   html { font-size:18px; }

图 4-17

4.3.3　如何使用这几种单位

必须明确的是，设计仍然需要绝对单位，需要 px。设计稿是以绝对单位绘制，em 与 rem 也都是通过 px 作为中介进行换算的。那么如何优雅地使用这几类单位呢？为了方便说明，假设页面的字体大小为默认的浏览器大小，也就是 16 px：

```
html, body {
    font-size: 100%; // 或者1em亦可
}
```

个人认为最佳的实践是将页面分模块而治之。例如，标题部分的文字相比其他内容要更加显眼，同样的标签元素，如<h1>、<p>，在标题中字体会比在正文中大。但又不能为不同模块的不同元素分别编码字体大小，这样可维护性会非常差。这里决定采取模块化的方式。

- 将页面根据文字特征划分为几个模块，如导航、标题和正文。
- 每一个模块最外层元素，如 nav、header、article，都有自己字体大小。该字体大小以根元素的字体大小为基准，用 rem 取值。例如：

```
header {
    font-size: 5rem; /* 60 / 16 = 4.35*/
}

article {
```

```
font-size: .75rem /* 12 / 16 = 0.75;*/
}
```

　　有的人可能会认为，<header>、<article>都是<body>内的子元素，不如直接使用 em 单位？的确，当前这个例子中这样的替换是无所谓的，但是，如果页面更复杂、模块更多，那么有些模块可能就不那么幸运直接存在于根元素中了。同时还要考虑如果把这一段代码移植到其他页面中，为了高保真地还原在原页面中的效果，即相同的字体大小，我们还是希望根据根元素的字体大小来取值，这会更加准确，毕竟大部分浏览器的默认字体都为 16 px 或者接近该数值。

●　模块最外层元素的字体大小，则是作为该模块内各元素字体大小的基准。例如，虽然可以设置<h1>元素通用的字体大小为 2 em：

```
h1 {
font-size:2em;
}
```

　　但是，在<header>与<article>中看到的<h1>大小是不一致的，因为它们都是基于它们所在的模块调整字体，如图 4-18 所示。

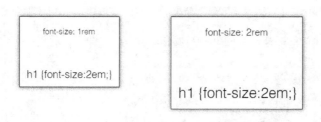

图 4-18

　　这样做的好处在于，大大地降低了代码的维护成本。当开发人员觉得页面字体太小时，只需将根元素字体放大，那么页面上其他部分的字体也会被随之放大；当需要调整一个模块所有字体大小时，也只需要调整这个模块的基准字体大小，也就是最外层元素字体大小即可。

　　接下来的两节将对正文和标题文字大小进行调整，字体大小和行高都将采用 em 作为单位，唯独对<body>中的字体采用%作为单位进行设置。对页面字体配置感兴趣的同学可以阅读《How to Size Text in CSS》这篇经典的文章来学习。[①]

4.4 标题布局

接下来看第二部分——页面标题，如图 4-19 所示。

图 4-19

之所以要做这样的设计，正如本书开头所说，大（big）是一个正在流行的页面设计趋势。例如，medium.com 上文章的标题部分的排版设计都是以巨幅图片或视频作为背景来搭配文字的，如图 4-20 所示的站点 Born[②]。所以，在这里也遵循这种设计，并尝试如何用代码来实现它。

图 4-20

---

① http://alistapart.com/article/howtosizetextincss

② http://www.borngroup.com/

4.4.1　背景

首先来看看标题部分的 HTML 代码：

```
<header>
<div class="header-text-container">
<h1 class="header-article_title"><!--巨大的标题--></h1>
<time class="header-article_pub"><!--2015 年 3 月 10 日--></time>
</div>
</header>
```

第一个需要解决的问题就是如何保证标题的"巨幅"，并且是始终让用户感觉到"巨幅"。

让 header 元素占用的高度始终为浏览器高度的 80%：

```
header {
    height: 80%;
}
```

没有生效？别忘了同时还要设置父容器的高度才能让子元素的百分比高度生效，子元素的高度也是相对于父元素而定：

```
html,body {
    height: 100%;
}
header {
    height: 80%;
}
```

这时的确能保证 header 元素始终占用的高度为浏览器视口高度的 80% 了，但这并非是一个好的实践，因为开发人员只是想改变 header 的高度，却同时"污染"了其他元素的高度值。同时，这也非常危险，如果页面上有其他的样式功能也依赖 html/body 的特定高度并且通过脚本做出了修改，那么 header 的该高度随时会失效。

于是否定这个方案。采用 CSS3 的 vh 单位解决这个问题。

vh 全称为视口高度（viewport height，请回想第 2 章讲的"视口"概念），1vh 等于 1%的当前浏览器视口高度。所以同理，1vw 相当于 1%当前浏览器视口宽度。而 vmin 和 vmax 分别指在视口宽度和高度中取最小或最大值。

为了保证在不支持该单位的浏览器上也能呈现一定尺寸的题图、背景，一般默认取用一个 500 px 的宽度作为回滚方案。同时也设置了一个 min-height 与 max-height，防止浏览器过矮或者过高时标题被过度压缩或者拉伸：

```
header {
    height: 500px; /* fallback */
    height: 80vh;  /*如果浏览器不支持 vh 单位，则上面的 500px 可生效*/

    min-height: 300px;
    max-height: 1080px;

    background: url('../images/header-bg.jpg');
    background-position: 50% 0;
    background-repeat: no-repeat;
}
```

此时无论如何改变浏览器大小，都能够保证标题拥有足够的高度，如图 4-21 所示。

图 4-21

但请留意此时标题的背景图片的变化。为了保证用户在任何设备上看到的图片都处于上佳状态，这里选用了一张分辨率像素为 1920×1080 的高清图片，问题是，如果浏览器窗口变得过小，用户只能看到背景图片的一部分，此时需要设置容器 background-size 属性为 cover，意为保持在图片长宽比的基础上缩放背景图像，使其尽可能完整地覆盖背景，代码效果对比图如图 4-22 所示。

```
header {
    height: 500px; /* fallback */
    height: 80vh;  /* 如果浏览器不支持 vh 单位，则上面的 500px 可生效 */
```

```
    min-height: 500px;
    max-height: 1080px;

    background: url('../images/header-bg.jpg');
    background-position: 50% 0;
    background-repeat: no-repeat;
    background-size:cover;
}
```

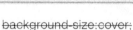

background-size:cover;   background-size:cover;

图 4-22

更严重的问题刚刚浮出水面：这里使用的高清图片文件大小接近 1 MB，如果用户通过手机访问页面的话这会造成不小的负担。有没有可能根据设备的视口大小甚至网络状况为不同的设备提供不同的图片？答案是肯定的，这些问题留到响应式图片章节解决。

4.4.2 文字居中

接下来调整文字部分：

```
<header>
<div class="header-text-container">
<h1 class="header-article_title">巨大的标题</h1>
<time class="header-article_pub">2015 年 3 月 10 日</time>
</div>
</header>
```

首先是简单的样式布置，比如让标题看起来够大，让文字水平居中：

```
.header-text-container {
    text-align: center;
    color: white;
    text-shadow: 1px 1px 4px rgba(34,34,34,0.6);
}


.header-article_title {
    font-size: 100px;
}


.header-article_pub {
    display: block;
    font-size: 30px;
}
```

问题是，如何让文字垂直居中呢？

关于如何让容器或者文字垂直居中，最经典的方法总结莫过于 Steven Bradley 发表的《6 Methods For Vertical Centering With CSS》[①]。但很遗憾文中描述的 6 种方法都不适用于这个项目，其中最大的问题是无法保证父容器 header 与子元素 .header-text-container 的尺寸固定，所以也就没有办法使用 line-height 或者负外边距精确且灵活（这里的灵活是指能够自适应不同的字体大小、不同高度的父容器，不需要再调整样式）地控制容器居中。同时也不希望通过添加额外的元素或使用 table 布局这类 hack 方式来实现。但是，这篇文章中的技巧给了读者很多的启示，接下来的几种办法都会用到文章中的内容。

首先采用负外边距作为常规方案来实现。

先为父容器 header 添加 position:relative 样式，再按如下方式为子元素 .header-text-container 添加样式即可：

```
.header-text-container {
    text-align: center;
    color: white;
    text-shadow: 1px 1px 4px rgba(34,34,34,0.6);
```

---

① http://www.vanseodesign.com/css/vertical-centering/

```
/* 以下为新增样式 */
height: 30%;
width: 50%;

position: absolute;
top: 50%;
left: 50%;

margin: -15% 0 0 -25%;
}
```

同时设置了 top、left、width、height 还有上下左右的 margin 值。为什么做这些设置，这些取值又是如何得来的，接下来都会讲解。

首先要拟定子元素（.header-text-container）的高度和宽度。考虑到取该元素的字体大小为 100 px，设定子元素的宽和高如下所示：

```
height: 30%;
width: 50%;
```

这也是这个方法让人诟病的地方，必须要为子元素设置一个尺寸。一旦想修改字体大小，为了防止字体溢出容器，又不得不连锁修改子元素尺寸了。

接着将子元素绝对定位，距上方和左方各 50%，如图 4-23 所示。

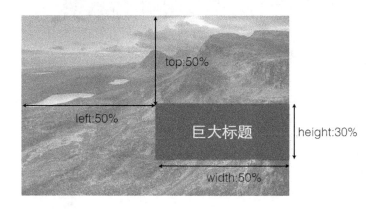

图 4-23

```
height: 30%;
width: 50%;
```

```
position: absolute;
top: 50%;
left: 50%;
```

通过绝对定位，把子元素成功固定到了某个位置。此时无论如何调整父元素 header 的大小，子元素相对父元素左上的位置都不会改变。

但现在的子元素并非是水平和垂直居中的，需要通过调整外边距，准确来说通过将上方和左侧的外边距设置为负值，将容器往左上方推动（使用负外边距的具体原理可以参照《The Definitive Guide to Using Negative Margins》[①]这篇文章）。调整的值是多少呢？暂且设置为该子元素高和宽的各一半，如图 4-24 所示。

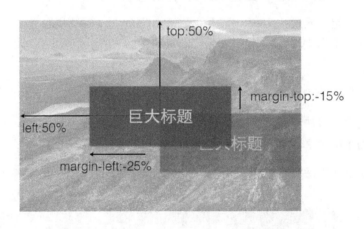

图 4-24

```
height: 30%;
width: 50%;

position: absolute;
top: 50%;
left: 50%;

margin: -15% 0 0 -25%;
```

看似效果已经好了很多，水平方向已经居中，甚至垂直方向也已经居中。但这样

---

① http://www.smashingmagazine.com/2009/07/27/the-definitive-guide-to-using-negative-margins/

的效果只是存在于当前的这个示例中，如果你在另外的浏览器上测试这段代码，垂直方向是向上偏移的。这是因为当外边距取值为百分比时，百分比参照的是包含块（containing block）的宽度，在这里也就是父容器的宽度。没错，无论设置的是纵向外边距还是横向外边距，参考的都是父容器的横向宽度。

所以，水平方向的取值是没有问题的，无论父容器宽度如何变化，都能够保证子元素居中显示。但是，对于纵向来说就没有那么幸运了，假设对于 1280×600 的父容器来说，子元素很明显的向上偏移，如图 4-25 所示。

图 4-25

鉴于无法将父容器的高度作为参照，只能允许这样的偏差存在。从这里可以看出，越是精确地确定子元素或者父元素的尺寸，对居中元素越有利。

进阶方法

上一种方法中令人不满意的地方是必须要给子元素设置宽度和高度。其实宽和高的存在只是为了让负边距发挥功效。本质上是希望元素向左上方移动自己尺寸的一半，可以通过样式中的 transform 也可以实现：

```
position: absolute;
top: 50%;
left: 50%;
transform: translate(-50%, -50%);
```

简单解释一下，CSS3 中加入了 transform 属性来允许用户对元素进行一些形变操作，如扭曲（skew）、翻转（rotate）、缩放（scale）等。而 translate 就是其中的一种方式——位移。它能够让元素基于形变原点（transform-origin，通常是在元素的中心位置，在本例中也是，当然原点也可以修改），进行横向或纵向的位移，位移方向以右下方为正向，如图 4-26 所示。

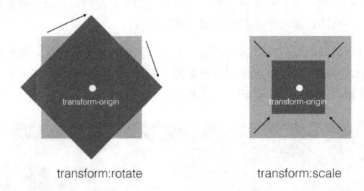

transform:rotate   transform:scale

图 4-26

以 transform: translate(-50%, -50%) 为例，意味着元素将向左上方横向和纵向各移动自己尺寸的 50%。请注意在使用 translate 时以百分比单位是以自己的宽高作为参照，这也是优于使用绝对定位之处，与之前的负外边距方法有异曲同工之妙，如图 4-27 所示。

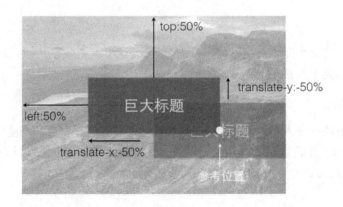

图 4-27

甚至可以通过伸缩布局实现。此时只需要在 flex.css 中添加一个使容器子元素垂直排列的样式：

```
.flex-column {
    -moz-box-direction: column;
```

```
    -webkit-box-direction: column;
    -webkit-box-orient: vertical;
    -webkit-flex-direction: column;
    -ms-flexbox-direction: column;
    -ms-flex-direction: column;
    flex-direction: column;
}
```

然后像导航栏一样添加 flex 样式至父容器即可：

```
<header class="flex-enable flex-column flex-justify-space-around">
....
</header>
```

别忘了把 .header-text-container 上不必要的样式全部移除掉，剩下的交给伸缩模型就好了：

```
.header-text-container {
    text-align: center;
    color: white;
    text-shadow: 1px 1px 4px rgba(34,34,34,0.6);

    /* height: 30%; */
    /* width: 50%; */

    /* position: absolute; */
    /* top: 50%; */
    /* left: 50%; */

    /* margin: -15% 0 0 -25%; */
}
```

但可惜的是，以上所描述的 3 种方案是没有办法共存的。因此，需要通过脚本判断浏览器对特性的支持情况，再动态添加样式类名来决定使用哪一种方案。这个问题将会在第 6 章和第 7 章中得到解决。

4.5　响应式文字

4.5.1　标题

既然是与标题相关，那么该模块内的字体普遍都要醒目一些，所以将<header>

的基准字体设置为 40 px，也就是 2.5 rem：

```
header {
    display: block;
    font-size: 2.5rem; /* 40px / 16px = 2.5 */
    font-weight: 700;

    height: 500px;
    height: 80vh;

    ...
```

接下来将标题字体<h1>元素默认设置为 80 px 大小，同时也将文章日期字体大小设置为 40 px：

```
.header-article_title {
    font-size: 2em; /* 80px / 40px = 2 */
}

.header-article_pub {
    display: block;
    font-size: 1em; /* 40px / 40px = 1 */
}
```

这是 1440 px 视口宽度下的效果，如图 4-28 所示。

图 4-28

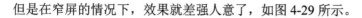

但是在窄屏的情况下，效果就差强人意了，如图 4-29 所示。

图 4-29

于是添加一个与导航栏相同的断点 480 px，当页面小于该宽度时，同时也缩小标题栏字体大小：

```
@media all and (max-width: 480px) {
    .header-article_title {
        font-size: 1em; /* 40px / 40px = 1 */
    }

    .header-article_pub {
        display: block;
        font-size: 0.5em; /* 20px / 40px = 0.5 */
    }
}
```

稍等，我们忘了 `.header-article_title` 与 `.header-article_pub` 字体大小都是相对于 `<head>` 字体大小，所以只要修改响应式下 `<header>` 基准字体大小即可。

抛弃上面代码，启用下面这一段：

```css
@media all and (max-width: 480px) {
    header {
        font-size: 1.125rem; /* 18px / 16px = 1.125 */
    }
}
```

效果如图 4-30 所示。

图 4-30

最后将有关标题的样式调整为移动优先：

```css
header {
    font-size: 1.125rem; /* 18px / 16px = 1.125 */
```

```
    font-weight: 700;

......

.header-article_title {
    font-size: 2em; /* 80px / 40px = 2 */
}

.header-article_pub {
    display: block;
    font-size: 1em; /* 40px / 40px = 1 */
}

@media all and (min-width: 480px) {
    header {
        font-size: 2.5rem; /* 40px / 16px = 2.5 */
    }
}
```

4.5.2　正文内容

接下来调整正文的文字样式也就并非难事了。

首先来看最初的布局样式：

```
article {
    font-size: 1rem;
    max-width: 100%;
    margin: 0 auto;
}
```

这样一个布局是好还是坏呢？

出于对阅读体验的考虑，我们不希望文章的每行长度太长或太短，也不希望两行之间的距离过于紧密或者稀疏。字体、行高、段落之间的间距等需要恰当搭配才能保证排版的美观。这里采用一个现有的解决方案——《网络排版终极指南》（Secret Symphony: The Ultimate Guide to Readable Web Typography）[①]。

在该篇文章中，作者使用黄金分割比例来处理字体大小、行高和每行词数之间的

---

① http://www.pearsonified.com/2011/12/golden-ratio-typography.php

关系，并据此制作了一个排版计算器[①]。只要输入希望的字体大小，它就能计算出合适的内容区域宽度和每行词数。若选择文章内容字体大小为 16 px，通过这个计算器可以计算出文章内容最佳宽度为 685 px，行高为 26 px：

```
article {
    font-size: 16px;
line-height: 26px;
    max-width: 685px;
    margin: 0 auto;
}
```

将行高和字体大小转化为相对单位 rem：

```
article {
    font-size: 1rem;
line-height: 1.625rem; /* 26px / 16px = 1.625  */
    max-width: 42.8125em; /* 685px / 16px = 42.8125em */
    margin: 0 auto;
}
```

看看效果如何，如图 4-31 所示。似乎太挤了点？把内边距忘了。

请注意，添加内边距是一件谨慎的事情，默认情况下 box-sizing 取值为 content-box。这种情况下，width 与 height 尺寸直接应用于元素内容，不包括内边距与边框。所以内边距的宽度并不包含在容器的 width 和 height 中，如图 4-32 所示。

图 4-31

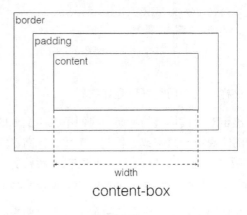

content-box

图 4-32

---

① http://www.pearsonified.com/typography/

这便有干扰到其他元素的风险。若在上面的布局中将中间元素拓展内边距而保持宽不变的话，就很可能会造成图 4-33 和图 4-34 所示的结果。

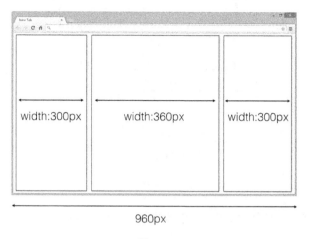

图 4-33

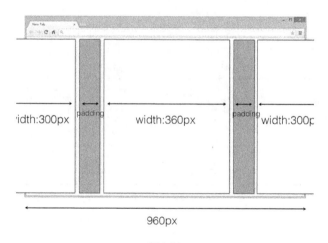

图 4-34

所以，如果此时立即添加内边距的话，会让整个\<article\>容器的尺寸发生变化。鲁莽地添加内边距很有可能会扰乱布局。那么就让 width 涵盖内边距就好了。不仅可以涵盖内边距，还可以使宽度涵盖边框。通过调整盒子模型，设置 box-sizing 为 border-box，代码效果如图 4-35 所示。

```
box-sizing: border-box;
```

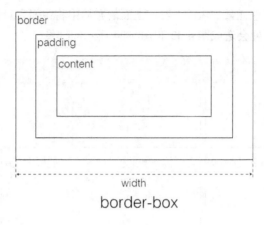

图 4-35

这样一来，就可以安全地添加内外边距了，如图 4-36 所示。

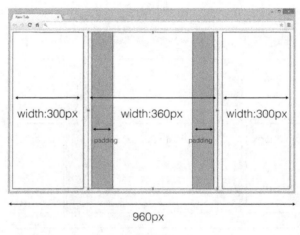

图 4-36

但问题是，如果宽度包含内边距，这样又会使得文字内容小于最优的 829 px 内边距的问题，分以下几种情况解决。

（1）字体 16 px、行高 26 px、宽度 829 px 这样的黄金搭配不可能适用于所有设备。一旦设备的视口小于 829 px，这样的搭配就不再"黄金"。于是我们将设置一个断点为 829 px。在大于这个宽度时为了保证完美将不设置左右内边距，当小于这个宽度时出现 40 px 的内边距。

（2）继续将当视口宽度逐渐变小（小于 829 px），过窄的宽度下 40 px 的内边距明

显间隙过大，于是在移动设备上将内边距减小为 20 px。问题是将 40 px 内边距切换
至 20 px 的宽度界限在哪里？通过不断的调整浏览器视口发现 600 px 是一个不错的
位置。

于是有了以下代码：

```
/*
  移动优先：

  默认在移动设备上，
  内边距为 20px。
  字体大小，行高，最大宽度等可以继续在后面的样式中沿用
 */
article {
    font-size: 1rem;
line-height: 1.625rem; /* 26px / 16px = 1.625 */
    max-width: 42.8125em; /* 685px / 16px = 42.8125em */
    margin: 0 auto;

    box-sizing: border-box;
    padding: 1.25em; /* 20px / 16px = 1.25 */
}


/*
  当页面宽度在 685px 与 600px 之间时
  调整内边距宽度为 40px；
 */
@media all and (min-width: 600px) and (max-width: 685px) {
    article {
        padding: 2.5em; /* 40px / 16px = 2.5 */
    }
}


/*
  当页面宽度大于或等于 685px（符合最佳宽度条件）
  将内边距设为 0
 */
@media all and (min-width: 685px) {
    article {
        padding: 0;
```

```
        margin-top: 2.5em; /* 40px / 16px = 2.5 */
    }
}
```

注意，在页面较宽且没有内边距的情况下，为了保证 article 元素与以上相邻的标题元素有足够的间隙保持美观，这里给 article 元素增添了一个 40 px 高度的顶部外边距。

最后来看一下在不同宽度下的实际显示效果，如图 4-37、图 4-38 和图 4-39 所示。

图 4-37

图 4-38

图 4-39

小结

本章的内容几乎都与样式相关，信息量较大。我们完成了一个页面的响应式布局，从自适应导航到伸缩式的文字排版。技术上了解了媒体查询、伸缩布局、一些居中的技巧以及各种不同的相对单位。事实上，可以拓展的地方还有很多，出于篇幅的考虑，只把目光聚焦到与响应式相关的样式上。

但是仍有很多问题等待着解决。例如，如何让图片也保持响应，争取在"弱"设备上加载体积更小的"弱"图片，要知道目前标题的背景图片体积接近 1 MB，如何优化页面等。这些都是接下来需要解决的问题。

第 **5** 章

响应式图片

页面中最常见的两个元素是文字和图片。客观地说，图片甚至比文字更加重要，有调查显示，附有图片的页面或者内容会更吸引用户，并且可以让用户在页面停留的时间更长，这也是为什么公共账号发布微信时总会附上一张美图。

但是对开发者来说，图片却并非是友好的。俗话说"一图胜千言"，至少在文件大小方面这是千真万确：图片和文字相比有更大的体积，需要更长的加载时间，在某些情况下甚至会阻塞后面的内容加载。根据 HTTP Archive[①]的统计，截至 2015 年 4 月 9 日，互联网上每个页面请求的图片平均大小为 1249 KB。在第 4 章中，标题中使用的高清背景图片体积就达到 978 KB，已经达到页面图片"配额"的八成。这在移动设备上简直就是噩梦。

如何在图片的优势和劣势中找到一个平衡点，尤其是在移动设备上优雅地使用图片，是一个一直广泛讨论的重要话题。响应式图片交流小组（Responsive Images Community Group，RICG）应运而生，他们的职责是制定响应式图片标准和解决方案——由此可见响应式图片的重要性非同一般。

接下来本章就以页面中涉及图片的元素为例，探讨如何选择有效的响应式图片方案。

5.1 万能的 100%

标题中的响应式图片因为是背景图片，采用 `background-size: cover` 就解决了背景图片务必需要覆盖住容器的问题。但是，如果直接通过<img>标签加载的图片就没有这么幸运了。不能给它固定宽度，因为在响应式页面中它的父容器、它所在的页面宽度随时都可能发生变化；也不能不做宽度的限制，因为没有宽度限制的

---

① http://httparchive.org/

<img>会按照图片的原始尺寸显示图片。图片不像文字，文字本质上就是流式的，它遇到父容器的边界能够自动折行自适应。综上所述，整理一下对响应图片的需求：

- 图片能够跟随父容器宽度变化而变化；

- 同时宽度受限于父容器，不可按照图片原始尺寸展现。

假设将图片的宽度设置为 100%（width: 100%），当图片实际宽度大于父容器宽度时，图片能够很好地被限制在父容器宽度内。但是，当图片实际宽度小于父容器宽度时，图片会被强行拉伸至与父容器同宽。因此否定这个方案。

但是，如果将图片的最大宽度设置为 100%（max-width: 100%）。当图片实际宽度大于父容器宽度时，图片同样能够被限制在父容器宽度内，同时当图片实际宽度小于父容器宽度时，图片也能够按照实际尺寸展示，而不被强行拉伸。因此该方案可行。

```
img {
    max-width: 100%;
    height: auto;
}
```

这样就能让图片在父容器的范围能尽可能地展现自己，无论容器根据媒体查询扩张还是缩小，图片都能自适应。当然纵使容器再宽大，图片尺寸也不会超出自己的原生尺寸，如图 5-1 所示。

img {width：100%;}

图 5-1

貌似所有的问题都解决了，那为什么还需要其他响应式图片技术呢？接下来看看 RICG 提供的一些响应式图片的用例场景，这是用 max-width: 100%无法解决的。

5.2　响应式图用例

在什么情况下需要更好的响应式图片解决方案？RICG 列举了下面 4 种情况。

（1）基于屏幕分辨率（resolution-based selection）。这是最原始也是最野蛮的需求，这个需求只关注设备的屏幕分辨率差异。很明显，不应该让一台 4 英寸的手机和一台 18 英寸的显示器共用同一张图片。高分辨率图片缩小到移动设备上很难展现细节，低分辨率图片在桌面显示器上放大会变得模糊不堪，所以还是要有的放矢地为不同分辨率的屏幕准备不同尺寸的图片，如图 5-2 所示。

图 5-2

基于分辨率选择图片是一种粗糙的方式，这更像是基于屏幕大小。在实际情况中很多手机分辨率甚至已经超出了桌面显示器分辨率，更多的屏幕差异性因素需要被考虑进来，于是才有了接下来更复杂的几种情况。

（2）基于视口（viewport-based selection）。基于视口与基于屏幕分辨率相比又更实际更精确了。还记得第 2 章中讨论的视口概念吗？抛开移动设备上的视口场景不谈，仅仅针对桌面浏览器视口优化图片也是有必要的。因为桌面浏览器视口是由浏览器窗口大小决定的，那么在 1920×1080 分辨率的屏幕上，如果用户当前打开的浏览器大小仅为 800×600，那么为何还是要加载一张 1080 P 的高清图片呢？更抽象地来看，我们甚至不用关心屏幕的分辨率如何，我们只需要关心视口的大小，如图 5-3 所示。

（3）基于设备像素比（device pixel ratio）。在第 2 章讲过高清设备会产生的问题和解决方案。为了解决高 PPI 导致单个像素过小而难以辨别，通常设备分辨率下每个像素（同时也是 CSS 像素）会等于多个设备像素，而这个 CSS 像素与设备像素的比值称为设备像素比。根据这个比值，可以决定提供高清的图片的倍数，是 2 倍、3 倍还是 4 倍，如图 5-4 所示。具体原理可以参考第 2 章内容。

图 5-3

Galaxy S4　　　　iPhone 4s　　　　iPhone 3GS

图 5-4

　　（4）基于美术设计（art direction）。多数情况下，为不同场景准备的图片都是由同一张大图等比缩放而来的，如图 5-5 所示。

　　但是，对比图 5-6 中这张图片和它缩小之后的效果会发现，这张图片想表达的重点是图中人物而非背景，但在小图中已经无法分辨图中人物的相貌了。

图 5-5

图 5-6

因此，等比例缩放并非是缩小图片的最佳方式，可能需要对图片进行裁剪、设计，如只裁取图片的重点信息，如图 5-7 所示。

图 5-7

此外，对于同一张图片，针对不同的设备要准备不同尺寸的图片，如图 5-8 所示。

也就是说，根据图片的使用场景，有针对性地对图片进行精心裁剪，是基于美术设计这类响应式图片用例的特征。

图 5-8

5.3 srcset 语法

5.2 节谈论的所有用例都指向了同一个技术需求：需要为同一个<img>元素准备多张图片，并且这个<img>能够根据情况选择性加载图片。为此引入了<img>的 srcset 属性。

首先用一个简单的例子引出 srcset 的用法。假设某一张图片同时要为 iPhone 3GS 与 iPhone 4 做适配。对于开发人员来说，这两种机型唯一的差别在于设备像素比不同（见第 2 章）。所以需要针对设备像素比准备同一素材的大小不同的两张图片，且大图（large.jpg）为小图（small.jpg）的 2 倍（大图长宽各为小图的 2 倍，但面积为 4 倍，为了便于表达和理解，称为 2 倍）。同时，将图片地址和对应期望匹配的参数（此时也就是设备像素比）作为一组，加入 srcset 属性中：

```
<img src="small.jpg" srcset="large.jpg 2x, small.jpg 1x">
```

现在 srcset 属性翻译之后的意思是：当设备像素比为 2 时（在 srcset 中需要添加后缀 x）加载 large.jpg，当设备像素比为 1 时加载 small.jpg。当 srcset 属性无法被识别时，加载默认 src 属性中的 small.jpg。

由此可见，srcset 属性值是由一系列由逗号分隔的字符串组成，每段被分隔的字符串又是由一个图片地址和对应的期望匹配的设备信息组成。设备描述信息可分为两类，视口宽度（像素值，但视口宽度数值后加上 w 结尾）和像素密度（设备像素比加上 x 结尾）。以视口宽度为例，代码如下：

```
<img src="small.jpg" srcset="large.jpg 480w, small.jpg 320w">
```

5.3.1 移动优先或桌面优先

继续上面的例子，如果设备的设备像素比为 1.3 应该怎么办？浏览器此时应该选择大图还是小图呢？

好的，继续把情况变得复杂一些。这次响应的不再是屏幕的设备像素比，而是视口宽度，并且需要用到 3 张图片（small.jpg、medium.jpg 和 large.jpg），响应 3 种宽度范围（小于 600 px、600 px～800 px 和大于 800 px）。

视口宽度与设备像素比不同的地方在于，设备像素比描述的是精确值，即某种图片只适用于指定设备像素比的设备。宽度（width，w 单位）描述的是边界值，即视口在某个宽度范围内适用某一张图片。那么问题来了，图片地址后面跟随的视口宽度描述的是最大宽度（max-width）还是最小宽度（min-width）？开发人员更倾向于采用哪一种：

```
<img src="small.jpg" srcset="medium.jpg 600w, large.jpg 800w ">
```

或

```
<img src="large.jpg" srcset="medium.jpg 800w, small.jpg 600w ">
```

回想之前在媒体查询中谈到的是希望移动优先还是桌面优先的问题。上面代码中的前者是移动优先，因为它首先加载的是较小图片（small.jpg），再依次考虑大屏（当视口宽度大于 600 px 时加载 medium.jpg，当视口宽度大于 800 px 时加载 large.jpg）。与媒体查询中的规则一致，可见该情况下 srcset 图片地址后跟随的视口宽度应该指 min-width。相反，上段代码的后者则为桌面优先，首先加载的是正常大图（large.jpg），再考虑当视口减小的情况（当视口宽度小于 800 px 时加载 medium.jpg，当视口宽度小于 600 px 时加载 small.jpg），所以此例中图片地址后的宽度应该指 max-width。

就目前的使用情况看，大部分浏览器遵循的是移动优先，也就是说，只有当视口宽度超过某指定值时才加载更大的图片。但是，这并不意味着桌面优先是错的或者是弱的，只是目前无法同时满足。

但在实际运行时也会发生一些很有意思的事情，以在 Chrome 中为例。

（1）如果浏览器支持 srcset 属性，那么 src 属性中的图片是永远不会生效的。浏览器首先会根据 srcset 中的规则来加载图片。

（2）虽然 srcset 语法规则与媒体查询类似，但并不完全相同。当浏览器加载完宽屏情况下的图片（通常是高清图片），再使浏览器变窄，即便此时视口宽度匹配 srcset 中的某条规则，浏览器也不会加载其他图片了。这是非常合理的，因为它会认为其他的小图都不及这张大图高清，大图完全可以压缩至小图的尺寸，所以没有必要再发送新的网络请求。

（3）Chrome 会充分利用图片缓存。如果在缓存里有上次访问留下的高清图，那么此时即使是从窄屏进行访问，也会加载高清图，原理同 2。

5.3.2　计划赶不上变化

有时，即使使用了 srcset，也未必事半功倍。例如：

```
<img with="640" srcset="640.jpg 1x, 1280.jpg 2x">
```

在高清设备中，我们需要高清图片，即图片的实际长宽是标清设备下图片的两倍。但可能出于人为原因，页面上图片元素<img>的样式大小为图片大小的一半：

```
<img with="320" srcset="640.jpg 1x, 1280.jpg 2x">
```

那么此时我们只需要一张 640.jpg 即可，因为此时图片的实际长宽是图片元素长宽的两倍，在高清设备上图片 640.jpg 并不会变得模糊而是恰到好处。

图 5-9 即是实际情况的截图，在 320 宽度的 iPhone 4S 设备上使用 640 宽度与 1280 宽度的图片是没有区别的。

<img width="320" src="640w.jpg">　　　<img width="320" src="1280w.jpg">

图 5-9

5.3.3　家长式管理

srcset 与媒体查询类似，将 CSS 编程化，可根据条件判断加载指定的样式和图片，可是这也是一个弊端。曾看过如下的 srcset：

```
<img srcset="
  320.jpg .89x 400w, 480.jpg 1.33x 400w, 640.jpg 1.78x 400w,
  480.jpg 1.04x 520w, 640.jpg 1.39x 520w, 960.jpg 2.09x 520w,
  640.jpg 1.1x 639w, 960.jpg 1.66x 639w, 1280 2.2x 639w,
  320.jpg 0.89x 800w, 480.jpg 1.33x 800w, 640.jpg 1.78x 800w,
  480.jpg 1.09x 959w, 640.jpg 1.45x 959w, 960.jpg 2.18x 959w,
  320.jpg 0.89x 1200w, 480.jpg 1.33x 1200w, 640.jpg 1.78x 1200w,
  480.jpg 1.09x 1440w, 640.jpg 1.45x 1440w, 960.jpg 2.18x 1440w,
  480.jpg 0.86x 1920w, 640.jpg 1.14x 1920w, 960.jpg 1.71x 1920w, 1280 2.29x 1920w,
  640.jpg 0.86x, 960.jpg 1.29x, 1280 1.71x, 1920 2.57x
">
```

它试图利用现有的所有图片资源覆盖尽可能多的设备屏幕情况，但我认为对于它的批评要多于对它的赞美。如果我想适应新的设备就必须加入新的代码。如果其中一张图片尺寸发生了修改，那么很可能与它匹配的设备像素密度和视口宽度也需要发生修改，甚至连动到它周围其他尺寸的图片。针对这些不足，我们要引入新的解决办法：<picture>元素。

5.4　<picture>元素

<picture>不仅是新增的一类 HTML 元素，还引入了新的图片元素属性。即使是在默认<picture>元素的情况下，这些属性对<img>标签依然有效。

5.4.1　sizes

回顾上一节谈到的 srcset 不足之处，归根结底是我们想掌控的太多，总是希望能适配所有的设备。但 srcset 调节手段有限，实际情况过于复杂，如<img>元素的样式尺寸可能会被改变，设备种类会增加，图片尺寸也会调整，之后一切都要被重新计算。

开发者无法预见用户会用什么样的设备浏览该页面，也没法知道当前<img>元素的确切大小——但是浏览器知道。如果浏览器能根据当前的实际情况（这里的实际情况包括网络状况），来做这一系列计算，这将是多么棒的一件事。接下来介绍<img>的 sizes 属性，配合 srcset 就能完成这样的工作。

首先我们来看看 sizes 的语法：

```
sizes="[media query] [length], [media query] [length] ..., [length] etc"
```

sizes 属性值由一系列由逗号隔开的描述图片宽度的表达式组成，每一组包含两部分：[media query]代表匹配的查询条件，[length]代表该查询条件下图片所占用的宽度。最后一个表达式可以只描述图片大小，表示在默认查询条件下的图片占用宽度。例如：

```
sizes="(max-width: 640px) 100vw,
       (max-width: 960px) 50vw
calc(100vw / 3)"
```

翻译后的逻辑为：

（1）当视口宽度不超过 640 时，图片宽度为视口宽度的 100%；

（2）当视口宽度大于 640 但小于 960 时，图片宽度为视口宽度的 50%；

（3）当视口宽度大于 960 时（默认情况），图片宽度为视口的 1/3。

同时也要更新出现 sizes 属性时 srcset 的语法。此时的 srcset 中每一张图片名称后跟随的不是设备条件，而是该图片的宽度，仍然以 w 结尾表示像素宽度。例如：

```
srcset="large.jpg 1024w, medium 640w, small 320w"
```

即告诉浏览器 3 张图片的宽度从大到小分别为 1024 px、640 px 和 320 px。

此时读者可能还是不得其解，srcset 与 sizes 如何产生了联系？我们并没有告诉浏览器在什么情况下应该应用什么样的图片。

这就是本节开头描述的思路，只需要告诉浏览器有哪些图片（srcset），需要在什么情形下变换为何种宽度（sizes），剩下的事情就都交给浏览器去计算处理好了。浏览器会根据当前的情况，自主地从提供的图片中选择，给出一个最优的解答。

把上面两段代码结合起来，实际操作一下：

```
<img sizes="(max-width: 640px) 100vw,
       (max-width: 960px) 50vw
calc(100vw / 3)"

    srcset="large.jpg 1024w, medium.jpg 640w, small.jpg 320w">
```

首先将视口宽度调整为 900 px，根据 sizes 规则此时图片元素大小应该为

450 px，那么浏览器会选择哪一张图片？

我们猜测浏览器会选择宽度接近 450 px 的图片，而 medium.jpg 和 small.jpg 相比，后者宽度更接近 450。结果也的确如此，在 Chrome 中的当视口调整为 900 px 时，浏览器果然选择的是 small.jpg（测试前请先清空浏览器缓存），如图 5-10 所示。

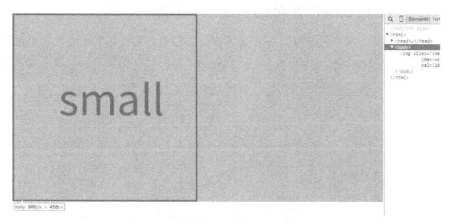

图 5-10

接下来考虑另一种情况，当视口宽度大于 960 px 时，图片元素的宽度变为视口的 1/3。也就是说，在视口宽度大于 960 px 的情况下，图片元素宽会大于 320 px，此时图片素材宽度也需要大于 320 px，small.jpg 已经不再适用了。

但实际的测试情况是直至视口宽度为 1357 px 时，Chrome 浏览器仍然优先使用 small.jpg。只有当视口宽度超出 1357 px 后，浏览器才会加载 medium.jpg。那么在 960 px 至 1357 px 宽度之间时，small.jpg 一直被等比例拉伸使用，如图 5-11 所示。

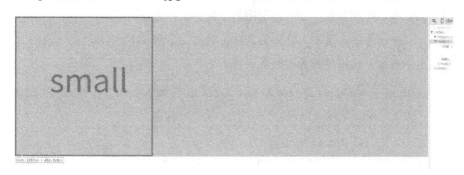

图 5-11

为什么会出现超出预期的情况？我们无从知晓，这是浏览器策略决定的，或许此时浏览器认为一定程度的图片拉伸是可以接受的，或许浏览器预判更宽的 medium.jpg 拥有更大的文件体积要尽可能避免下载。但我们应该接受这些意外，相信它的判断。因为浏览器在以它的方式"思考"，而之所以要相信它是因为它更了解当前的环境。例如，浏览器会优先使用缓存中的图片，并根据当前的网络状况优先下载小尺寸图片。

5.4.2 <picture>元素和<source>元素

在响应式图片的 4 种用例中，基于美术设计的用例是最特殊的，因为它要求基于同一张图片，裁剪出多种尺寸的版本。针对裁剪后每种尺寸的图片，又要考虑其他 3 种用例情况，将不同尺寸的图片等比例缩放，如图 5-12 所示。

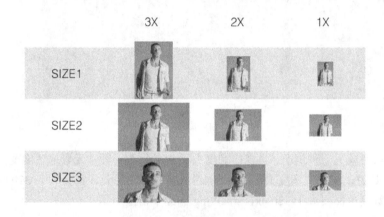

图 5-12

也就是说，在美术设计的场景下，为设备选取正确的图片要经过两次选择：

（1）为设备选择裁剪后正确尺寸的图片，这里简称为裁剪版本；

（2）在裁剪版本的基础上，针对设备像素密度、视口宽度的情况，再一次选择等比例缩放后的版本，这里简称为缩放版本。

<picture>元素与<video>和<audio>元素类似，可以在元素内使用<source>标签来添加素材。例如，<video>使用语法如下：

```
<video>
<source src="video/Sample.ogv" type="video/ogg">
<source src="video/Sample.webm" type="video/webm">
<source src="video/Sample.mp4" type="video/mp4">
</video>
```

　　如上，在<video>或<audio>中使用多个素材是为了兼容不同的视频格式，浏览器能够自动甄别选择。但是，在<picture>元素中添加多个素材后，如何告诉浏览器应该加载来自哪个<source>的图片？

　　这就需要继续在<source>标签上添加媒体查询，来标志在某一类的设备上使用何种图片。例如需要分别在小于 640 px、大于 640 px 但小于 960 px、大于 960 px 的 3个区间内使用 small.jpg、medium.jpg 和 large.jpg。利用<picture>元素可以这么编码：

```
<picture>
<source media="(max-width: 640px)" srcset="small.jpg 320w" />
<source media="(max-width: 960px)" srcset="medium.jpg 640w" />
<source srcset="large.jpg 1024w" />
</picture>
```

　　通常一个<source>标签代表一类或同一尺寸的图片的素材来源。在上面的需求中我们需要在 3 个不同区间中加载不同类的图片，于是使用了 3 个<source>标签。每一个<source>标签可以添加 media 属性用于存放媒体查询信息，告诉浏览器在什么情况下可以使用这个来源的图片素材。它同时还可以添加 srcset 属性。使用方法与<img>标签中一致，用于存放单个或多个图片素材信息。

　　但是，如果把带有上述代码的页面放在浏览器中浏览，是看不到任何效果的。请务必加上<img>标签。

```
<picture>
<source media="(max-width: 640px)" srcset="small.jpg 320w" />
<source media="(max-width: 960px)" srcset="medium.jpg 640w" />
<source srcset="large.jpg 1024w" />
<img src="small.jpg">
</picture>
```

　　<img>标签非常重要。只有它存在，<picture>元素才能显现图片。可以这么理解：<source>只是为<picture>提供图片素材，它是数据源，但并没有可视化的能力；只有选择了恰当的来自<source>的素材，并把它加载至<img>上，图片素材才能显现。请注意，根据<source>的媒体查询信息选择来源是非常精确的，与样式表中的媒体查询一致，而并非像上一节所说浏览器会自我决策。

　　另一个需要<img>的原因是，当浏览器不支持<picture>元素时，其中的<img>仍然可以被识别，确保始终有图片显示在页面上。

　　<source>已经完成了第一次选择，即选择裁剪版本。同时<source>标签也支

持 sizes 属性，使用方法与<img>如出一辙。也就是说在使用<source>元素利用媒体查询进行第一次选择之后，可以利用 sizes 与 srcset 的组合，再一次选择图片。例如，选择同一个来源下不同清晰度的图片。

继续拓展上面<picture>元素代码中的 srcset 属性：

```
<picture>
<source media="(max-width: 640px)" srcset="small@2x.jpg 2x, small.jpg 1x" />
<source media="(max-width: 960px)" srcset="medium@2x.jpg 2x, medium.jpg 1x," />
<source srcset="large@2x.jpg 2x, large.jpg 1x" />
<img src="small.jpg">
</picture>
```

有些眼花缭乱了？没关系，抽出单个<source>来分析一下浏览器是如何理解该标签以及该标签是如何运作的。

```
<source media="(max-width: 640px)" srcset="small@2x.jpg 2x, small.jpg 1x" />
```

（1）首先，media="(max-width: 640px)"表达的是在页面宽度不足 640px 的情况下，使用该<source>标签所提供的图片来源作为它所在<picture>元素显示图片的图片来源。

（2）srcset="small@2x.jpg 2x, small.jpg 1x"告诉浏览器，该来源同时又为同一素材图片提供了两种清晰度的版本 small@2x.jpg 和 small.jpg，分别供高清设备与标清设备选择。浏览器可以根据实际情况自主选择。

当然，还可以加入 sizes 属性，这并没有让情况变得更复杂，继续解释在加入 sizes 属性的情况下该标签是如何运作的。

```
<source media="(max-width: 640px)" srcset="small@2x.jpg 2x, small.jpg 1x"
sizes="calc(100vw / 3)"/>
```

（1）这一步同上面的步骤 1，浏览器通过执行<source>标签的媒体查询表达式（media 属性提供），决定使用哪一个<source>作为图片来源。

（2）当浏览器决定选择某个<source>作为图片来源后，该<source>的 sizes 属性即生效，作为它所在<picture>的宽度。也就是说，一旦浏览器选择上面的<source>标签作为图片来源，那么此时图片宽度始终为视口的三分之一（calc(100vw / 3)）。

（3）这一步同上面的步骤 2，浏览器根据当前设备情况、图片尺寸情况，从 srcset

中附带的图片信息，选择适合的图片。

5.4.3　polyfill

对于不支持<picture>元素（以及 size 和 srcset）的浏览器（包括所有版本的 IE），可以使用 picturefill.js①作为 polyfill 方案。这是响应式图片小组官方推荐的解决办法。就它项目的官方页面说明而言，对大部分的属性功能模拟的还是比较全面的，使用办法也并不复杂，在 head 中引入脚本即可。这里就不详细说明了，更多细节可以参考官方文档。

5.4.4　**\<picture\>元素的未来**

<picture>元素看似比<img>更强大，但如果无实际需求还是不建议使用，因为<picture>元素并不友好：拥有的 sizes 和 srcset 属性的<img>元素实际上是把图片的选择权全权交给了浏览器，而<picture>选择<source>则是要依赖人工设计的媒体查询的执行结果，根据设备被动选择。但是要知道，面临的显示设备已经够多了，如智能手表、虚拟现实头盔、智能电视，难道要逐个为这些不同尺寸不同分辨率的设备准备不同的图片吗？只维护已有的图片就已经是一个噩梦了。相比之下，浏览器的自主选择结果会更加适合当前用户的使用场景。

5.5　放弃图片

5.5.1　事实上我们并不需要图片

不止在一处看过这句话被引用：

The fastest request is a request not made.（不会被发出的请求才是最快的请求。）

这对图片同样适用。如果想节省图片方面的性能，最好的办法就是不使用图片。但这并不意味着页面上不能出现图案。也就是说，可以在不使用图片的情况下，让图案（视觉上）仍然能够呈现在页面上。千万不要以为这是一件不可思议的事情，相反有相当多的手段可供选择。

5.5.2　数据 URI

在给<img>标签或者 background-image 添加图片地址时，URI 带有 HTTP 请求访问链接，如 background:url(./images/background.jpg)。也可以将图

---

① http://scottjehl.github.io/picturefill/

片自身（通过 Base64 编码）转化为文本作为元素图片的 URI 使用。这类 URI 称为数据 URI（data URI）。

目前互联网上有非常多的在线数据 URI 转化工具（读者也可以自己动手写一个），例如，使用 http://duri.me/将图 5-13 中的图片转化数据 URI 的结果为：

图 5-13

data:image/png;base64,iVBORw0KGgoAAAANSUhEUgAAABAAAAAQCAYAAAAf8/9hAAAAGXRFWHRTb2Z
0d2FyZQBBZG9iZSBJbWFnZVJlYWR5ccllPAAAA3NpVFh0WE1OMOmNvbS5hZG9iZS54bXAAAAAAADw/eHBh
Y2tldCBiZWdpbj0i77u//IiBpZD0iVzVNME1wQ2VoaUh6cmVUek5UY3prYzlkIj8+IDx4OnhtcGlldGEge
G1sbnM6eD0iYWRvYmU6bnM6bWV0YS8iIHg6eG1wdGs9IkFkb2JlIFhNUCBDb3JlIDUuMS1jMDE0ID09LE
E1MTQ4MSWgMjAxMy8wMy8xMy0xMjowOToxNSAgICAgICAgICAgICAgICAgIij4gPHJkZjpSREYgeG1sbnM6cmRmPSJod
HRwOi8vd3d3Lmc3Zy8xOTk5LzAyLzIyLXJkZi1zeW50YXgtbnMjIj4gPHJkZjpEZXNjcmlwdGlvbiBy
ZGY6YWJvdXQ9IiIgeG1sbnM6eG1wTU09Imh0dHA6Ly9ucy5hZG9iZS5jb20veGFwLzEuMC9tbS8iIHhtb
G5zOnN0UmVmPSJodHRwOi8vbnMuYWRvYmUuY29tL3hhcC8xLjAvc1R5cGUvUmVzb3VyY2VSZWYjIiB4bW
xuczp4bXA9Imh0dHA6Ly9ucy5hZG9iZS5jb20veGFwLzEuMC8iIHhtcC1XOk9yaWdpbmFsRG9jdW1lbnR
JRD0ieG1wLmRpZDpjYjhhYWM0ZS1kMmRjRjLTQ1ZTYtYjQzNi0xOWNWiYTU2MDQzYjAiIHhtcE1NOkRvY3Vt
ZW50SUQ9InhtcC5kaWQ6MkQ2MkU0QUM3NTQxMTFFOIwOTk4ODdFRUNNRDRiI0QkEiIHhtcE1NOkluc3Rhb
mNlSUQ9InhtcC5paWQ6MkQ2MkU0QUI3NTQxMTFFOIwOTk4ODdFRUNNRDRkI0QkEiHhtcDpDcmVhdG9yVG
9vbD0iQWRvYmUgUGhvdG9zaG9wIENDIChNYWNpbnRvc2gpIj4gPHhtcE1NOkRlcml2ZWRGcm9tIHN0UmV
mOmluc3RhbmNlSUQ9InhtcC5paWQ6YjdjdMTM3MzUtOTQyYy00OGNjLTgwMEEtMjdiZmZjZjUxXNGE3IiBz
dFJlZjpkb2N1bWVudElEPSJ4bUAuZGlkOjc2ODdMMWRhLTExOGYtNDIwYtNDgyLWNC04NDgyLWM0NzE1NTh1NWYy
SIvPiA8L3JkZjpEZXNjcmlwdGlvbj4gPC9yZGY6UkRGPiA8L3g6eG1wbWV0YT4gPD94cGFja2V0IGVuZD
0iciI/PnlLewkAAAHISURBVHjafJPLK8RRFMe/8zNmPPIeWZCYTMbQWBGhhJKys2WhJsYzbK2tlBmSxmD
lD7ChiLCywELj1UTjuZmUNB6DGY9zf+7ods049anTuef7vaf70Jr79GFhbARLUQhr/mIVVWKeOBGbFSHX
EdPEITFMmAk9p4TX2JqLSIyItIJ4hWjC/8E27CZMfML3yAQOUazXauDuMqLJkhLLqIGYiDiWctffcHYWo
M6agXFbEWqLkmOZ2J1W4QcWJ67snAbw9QUk6BRM2k2oKEyKZsA0tjhDZZeTEoO44rkOIvQaRlVJGnTxCh
rLM7DnDcAfCMsm6WwCYzR799YdXMu3ap6arMVMrwnFOXq5zaj8d+RTa354fI9qnpkSj7GOArlFvQVfLIP
B5hxYjT83cf8YwujipdxypfAX9ids9dmwt+apeeA5jL6ZM3j9b3bLbBjNYID7EantNFkba8qHRAC+vHxhw
nePgJiiLmWaeGRwRs+JKrSVNFb+FPjE0e4bdi+doQzLNEbtGdRSiOnIjj654HlOUmwLF0i23vUzTxJtHBp
tAIv1HHn2eP9MnE+CTm+McKyr/xnegnrMQk4SVCBJv/mNfK+RP+PZBvAVQYANKd3ThbPKl0AAAAASUVORK
5CYII=

这是一段仅供计算机阅读的编码，使用时做复制和粘贴操作就好了。

使用数据 URI 的好处是显而易见的，它节省了 HTTP 请求。但坏处是，浏览器无法再缓存图片（当需要在页面中多次引用同一张图片时，不得不在多处粘贴代码并且占用传输带宽），同时增大了样式文件体积（原始图片大小是 1.4 KB，而转化为数据 URI 之后文本大小为 1.9 KB。所以建议在数据 URI 转化之前，建议对图片进行优化压缩）。虽然 IE8 及以上的 IE 浏览器都支持数据 URI 特性，但也存在限制，例如 IE8 下浏览器允许数据 URI 只出现在样式表中，并且最大为 32 KB，而之后的 IE 版本（包括 Windows 10 上的 Edge）不允许图片出现在 HTML 文件中，并且最大限制为 4 GB。

最值得留意的是，数据 URI 也并非那么优秀，如果能恰当使用浏览器缓存的话，那么使用普通二进制图片方案的性能成本将接近于零。这里有 3 篇系列文章值得参考：《A quick refresher on Data URIs》[①]《Data URI Performance: Don't Blame it on Base64》[②]和《CSS Sprites vs. Data URIs: Which is Faster on Mobile?》[③]。其中就将数据 URI 与普通图片技术和 CSS 精灵做比较，指出数据 URI 的短板所在，例如，根据内容的描述，在移动设备上将 Base64 编码转化为图片物料也是需要设备的计算成本的，需要"加载"时间。作者并没有在本地去重现文章中的实验或者验证它们的结论，所以还是要慎重参考。

5.5.3　CSS 形状

CSS 形状分为两类。广义上，也就是本节要谈的，是通过 CSS 样式属性来把元素模拟为不同的平面几何图形，如圆形、三角形、菱形等。狭义上的形状是指有一类新的 CSS 样式就称为 CSS Shapes。它允许设计师们将文字沿路径排列在不规则的形状当中，这不在本节的讨论范围之内。

一个默认的 `<div>` 容器就是一个天然矩形，如果是在长宽都相等的情况下就变形为正方形。基于这两个形状，配合其他的样式，能够衍生出更多的形状。

1. 圆形

在"正方形"的基础上，如果把容器的四个圆角半径值都设置为一致，那么就成为了一个圆形，如图 5-14 所示。

```
#toCircle {
    background: red;

    width: 200px;
    height: 200px;

    border-radius: 100px;
}
```

① http://www.mobify.com/blog/data-uris-are-slow-on-mobile/

② http://www.mobify.com/blog/base64-does-not-impact-data-uri-performance/

③ http://www.mobify.com/blog/css-sprites-vs-data-uris-which-is-faster-on-mobile/

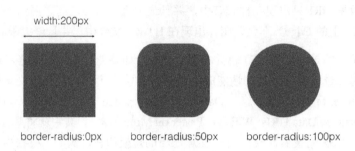

图 5-14

2．三角形

基于"正方形"还能衍生出三角形：

```
#toTriangle {
    width: 0;
    height: 0;

    border-left: 50px solid blue;
    border-right: 50px solid yellow;
    border-bottom: 100px solid red;
}
```

演化为三角形的过程可能比较难以理解，主要是通过调整边框宽度加以实现的，原理如图 5-15 所示。

width: 0
height: 0
border-width: 100px

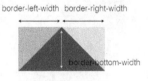

border-top-width: 0

border-left-width: 50px
border-right-width: 50px
border-bottom-width: 100px

图 5-15

可以将三角形作为箭头图片的替代品，实现效果如图 5-16 所示。

代码如下：

```
#dialog {
   width: 200px;
   height: 100px;
   background: red;
   position: relative;
}

#dialog:before {
   content:"";
   position: absolute;
   right: 100%;
   top: 38px;
   width: 0;
   height: 0;
   border-top: 10px solid transparent;
   border-right: 20px solid red;
   border-bottom: 10px solid transparent;
}
```

读者可能对伪元素:before 选择器还不是很熟悉，没关系，在下一节会谈到。

3．更复杂的图案

同时结合 transform 等属性，还可以合成更多更复杂的图案，如图 5-17 所示这个太极图案（摘自 https://css-tricks.com/examples/ShapesOfCSS/#yin-yang）。

图 5-16

图 5-17

```
#yin-yang {
   width: 96px;
   height: 48px;
   background: #eee;
   border-color: red;
```

```
    border-style: solid;
    border-width: 2px 2px 50px 2px;
    border-radius: 100%;
    position: relative;
}

#yin-yang:before {
    content: "";
    position: absolute;
    top: 50%;
    left: 0;
    background: #eee;
    border: 18px solid red;
    border-radius: 100%;
    width: 12px;
    height: 12px;
}

#yin-yang:after {
    content: "";
    position: absolute;
    top: 50%;
    left: 50%;
    background: red;
    border: 18px solid #eee;
    border-radius:100%;
    width: 12px;
    height: 12px;
}
```

5.5.4　图标字体

图标（icon）是网站中广泛使用的一类图像元素，通常用于装饰按钮或者链接，在视觉上描述该元素的功能。有时图标甚至比文字描述更直接，表达效果更强。尤其是在手机应用普及的今天，用户对图标的熟悉程度甚至强于文字。图标甚至可以做到跨语言，图 5-18 所示的是 iCloud[①]网页版中顶部工具栏包含的一些图标。

---

① https://www.icloud.com

6月21日　下午5:30

图 5-18

即使还没有看到任何关于它们功能的文字描述，用户也能够立刻会意这些图标的含义，从左至右分别是收藏、下载、添加、删除，以及最右的帮助。所以不可避免地，也会在页面中使用到一些图标，例如，在制作移动导航栏时为收起按钮添加了提示展开和收起的图标，如图 5-19 所示。

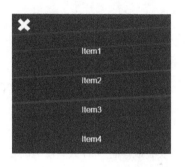

图 5-19

开发人员需要图标，但是图标不一定是图片，也可以是字体。

1.　伪元素

之所以要在介绍图标字体之前首先讲解伪元素，是因为图标字体就是基于伪元素实现的。

利用 CSS 可以在目标元素内创建一个"假"元素，之所以为"假"是因为它在 HTML 标记中并不存在。可以通过:before 或者:after 指定该伪元素是在目标元素内容之前还是之后。

例如，有一个<h1>标签：

```
<h1>This is the target</h1>
```

想在内容 This is the target 之前加入一个符号*，就可以通过伪元素实现，从而避免修改 HTML 代码：

```
h1:before {
    content: '*';
}
```

运行结果如图 5-20 所示。

同理，还可以在内容之后添加符号*：

```
h1:before {
   content: '*';
}

h1:after {
   content: '*';
}
```

显示结果如图 5-21 所示。

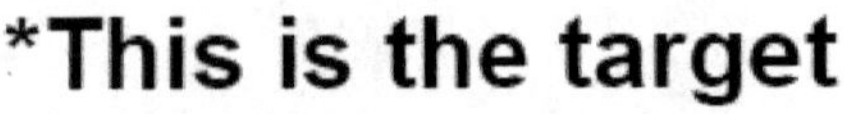
*This is the target

图 5-20

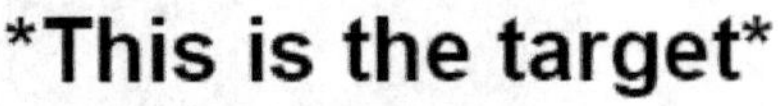
This is the target

图 5-21

伪元素本质上与正常元素没有差别，可以被赋予任何样式，如图 5-22 所示。

```
h1:before {
   content: "";
   display: block;
   width: 50px;
   height: 50px;
   background: red;
   box-shadow: 0 0 10px black;
   transform: rotate(45deg);
}
```

也可以通过浏览器开发工具观察伪元素，进行调试，如图 5-23 所示。

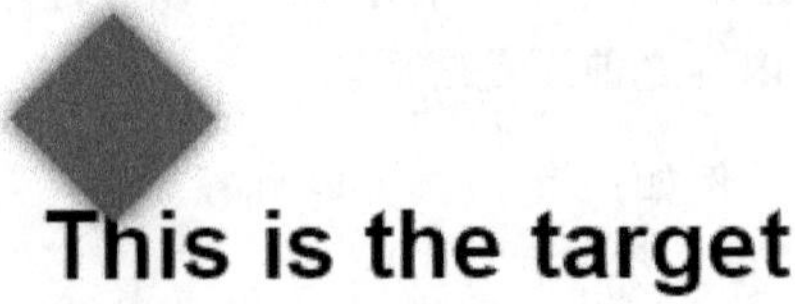
This is the target

图 5-22

伪元素的使用范围很广，但都是以“脏活、累活、费力不讨好的工作”居多。例如，某功能需要通过额外的 HTML 标记实现，但这种额外的无意义 HTML 标记不够优雅，于是就可以把这样的标签设为伪元素。

例如，在导航栏开发中的用于清除浮动使父容器撑开的元素.clearfix：

```
<ul class="nav-container-list">
<li class="nav-list-item"><a href="">Item1</a></li>
```

```
<li class="nav-list-item"><a href="">Item4</a></li>
<li class="clearfix"></li>
</ul>
```

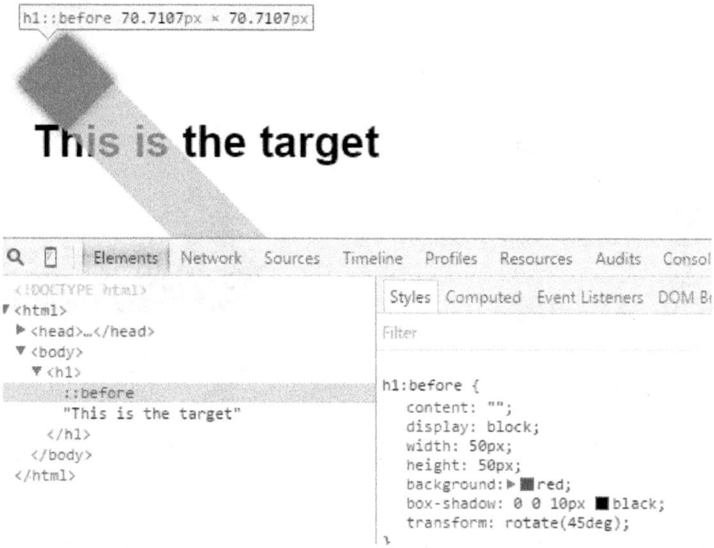

图 5-23

我们就可以使用伪元素来代替 .clearfix：

```
.nav-container-list:after {
    content: '';
    display: block;
    clear:both;
}
```

在 5.5.3 节中，也使用伪元素模拟对话框的箭头：

```
#dialog:before {
    content:"";
    position: absolute;
    right: 100%;
    top: 38px;
    width: 0;
    height: 0;
    border-top: 10px solid transparent;
    border-right: 20px solid red;
    border-bottom: 10px solid transparent;
}
```

2. 图标字体

同一个字母在不同的字体中呈现的效果会不同，如图 5-24 所示。

字母在字体中也可以用一个图案表示，例如，CSS 这 3 个字母在 Webdings 字体中的表现如图 5-25 所示。

CSS 微软雅黑

CSS Times New Roman

CSS ALGERIAN

图 5-24   图 5-25

图标字体的工具原理与此相似，在页面中引入图标字体后，页面上的指定符号便能表现为图案。

以开源的图标字体 Font Awesome[①]为例，首先需要在页面样式中通过 @font-face 属性引入它提供的字体（不同浏览器对支持的自定义字体的文件格式不同，在 Chrome 中使用 WOFF2 字体格式）。@font-face 是 CSS3 中新增的规则，它允许引用在线字体而非本地字体作为页面字体。

```
@font-face {
    font-family: 'FontAwesome';
    src: url('./fonts/fontawesome-webfont.woff2');
}
```

接下来在需要使用图标字体的元素中将 font-family 指定为图标字体：

```
h1 {
    font-family: 'FontAwesome';
}
```

最后，在图标字体的元素中插入图标对应的字体符号：

```
<h1>&#xf083</h1>
```

---

① https://fortawesome.github.io/Font-Awesome/

那么页面上呈现的效果便是一个相机图标，如图 5-26 所示。

这里的字体符号&#xf083 实际上是 HTML 中转义之后的
Unicode 字符 U+F083。

图 5-26

开发人员无法记住每一个图标对应的字符。通常第三方字体图标
都会提供一个样式表，只要借助指定的样式类名称（有些第三方要求
使用 data-属性值）就可以快速添加需要的图标。例如，上面的相机图标在
Font Awesome 中对应的样式类名称是 camera-retro，官方推荐只要在<i>标签中
使用该名称就能够添加该图标了：

```
<i class="fafa-camera-retro"></i>
```

同理，如果需要替换为其他的图标，只要替换 camera-retro 为其他图标名称
对应的样式类名称即可：

```
<i class="fafa-file-retro"></i><!--文件图标-->
<i class="fafa-star-retro"></i><!--五角星图标-->
<i class="fafa-check-retro"></i><!--勾选图标-->
```

和图片相比，字符图标的益处是能够随意地缩放大小（font-size）、改变颜色
（color），甚至添加阴影（box-shadow）、改变不透明度（opacity）等。缺点是
需要加载的在线字体文件体积都非常庞大，单是引入的压缩后的样式文件
（font-awesome.min.css）就有 27 KB，体积最小的 Chrome 支持的 WOFF2 字体
也要 63 KB，如图 5-27 所示。

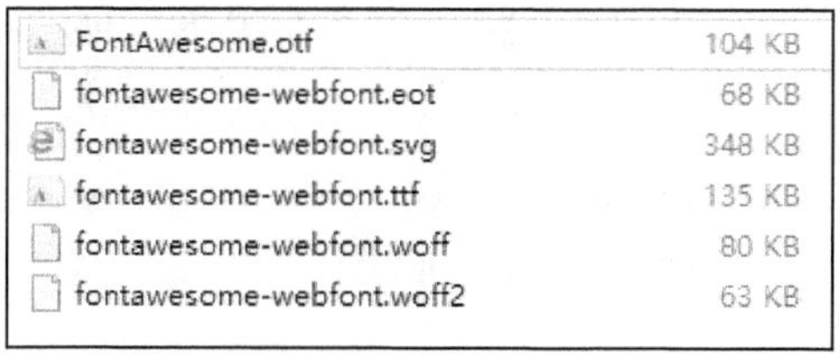

FontAwesome.otf	104 KB
fontawesome-webfont.eot	68 KB
fontawesome-webfont.svg	348 KB
fontawesome-webfont.ttf	135 KB
fontawesome-webfont.woff	80 KB
fontawesome-webfont.woff2	63 KB

图 5-27

当下已经有针对该问题的改良，例如图标字体网站 IcoMoon[1]允许用户自定义需
要的字符集，选定后再打包下载。Font Awesome 也提供类似的服务 fonticons[2]，自定
义后甚至无需下载，它为你提供在线的 CDN 服务。

---

[1] https://icomoon.io/

[2] https://fonticons.com/

3．回归导航栏

以导航栏展开、收起两个图标优化为例，应该选择哪一种无图片解决方案比较合适呢？接下来比较一下。

（1）当前方案：使用 png-32（位）图片，图标呈现大小为 30×30 像素，图片实际大小 90×90 像素，两张图片文件大小共 7.26 KB。

（2）方案一：使用数据 URI，使用当前 png -32 图片转化为文本后大小共 9.73 KB，同时减少两个 HTTP 请求。

（3）方案二：使用图标字体，仍然保持两个 HTTP 请求（字体文件与样式文件），请求文件大小小于 3 KB。

（4）方案三：优化现有图片，将 png-32 格式转为 png-8 格式，文件大小总和能够低至 2.23 KB，并考虑使用 sprites 将图片合并。基于 png-8 转化为数据 URI 的文本大小为 3.03 KB。

注意，在上述对比中，多出了一个在本节中并未提及的图片优化方案三。该方案仅将目前格式为 png-32 位的图片转化为 png-8 位的图片，文件体积就下降了 70%。可见对图片进行优化非常有必要。

最终还是选择使用图标字体来优化我们的导航栏。在 icomoon.io[1]上选择需要的图标，如图 5-28 所示。

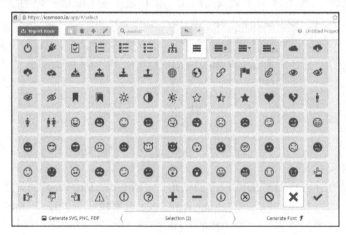

图 5-28

---

[1] https://icomoon.io/

选完后在下方选择 Download 按钮即可，如图 5-29 所示。

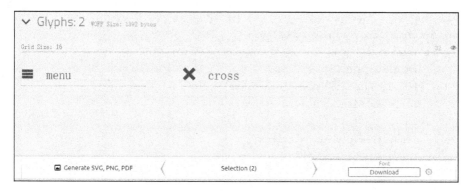

图 5-29

当需要 icomoon.io 上的图标字体时，只需要完成以下几个步骤。

（1）在页面引入 icomoon 样式表 `./icomoon/style.css`。

（2）给需要附着图标的容器添加样式类名称 `icon icon-menu`（菜单图标）或者 `icon icon-cross`（关闭图标），如 `<div class="icon icon-menu"></div>`。

（3）添加样式、调整字体大小颜色等。

对于导航栏，修改流程大致也是如此，首先移除用于将图片作为图标的原始样式 `btn-icon-close` 和 `btn-icon-menu`：

```
/*
  移除
  .btn-icon-close {
      background: url("./images/cross.png") no-repeat center center;
  }
  .btn-icon-menu {
      background: url("./images/menu.png") no-repeat center center;
  }
*/
```

接着将 HTML 代码中的原图标样式替换为图标字体样式 `icon icon-cross`：

```
<div class="menu-btn">
<a href="javascript:void(0)" class="menu-btn-icon icon icon-cross"></a>
<div class="clearfix"></div>
</div>
```

117

最后修改脚本中移除和添加的样式：

```
btn.onclick = function () {
    menuIsCollapse = !menuIsCollapse;
    if (menuIsCollapse) {
        menu.style.display = 'none';
        btn.classList.remove('icon-cross');
        btn.classList.add('icon-menu');
    } else {
        menu.style.display = 'block';
        btn.classList.remove('icon-menu');
        btn.classList.add('icon-cross');
    }
}
```

同时移除 `.clearfix`，使用伪元素代替：

```
.menu-btn:after {
    content: '';
    display: block;
    clear: both;
}
```

5.6 后端方案

如果读者对`<picture>`或者 `srcset` 还有一些顾虑，但又迫切需要响应式图片，那么在产品线允许的情况下，可以加入后端服务，让后端决定返回图片的大小。

后端解决方案的工作原理都非常类似：前端传递给后端当前设备的一些特征，后端通过这些特征决定做怎样的响应。以 Filament Group 的开源方案 Responsive-Images[1] 中的 cookie 驱动[2]的一个分支为例，具体看一看它是如何运作的。

5.6.1 前端配置

首先要对前端进行配置。对于需要进行"响应"的图片，在 `src` 中要以查询参数的形式添加所有尺寸的图片。格式如下：

---

① https://github.com/filamentgroup/Responsive-Images

② https://github.com/filamentgroup/Responsive-Images/tree/cookie-driven

```
<img
src="imgs/running.jpg?medium=_imgs/running.medium.jpg&large=_imgs/running.
large.jpg">
```

上述代码使用移动优先的图片作为默认请求图片，再以 medium 和 large 为关键字，分别关联对应于中等尺寸与大尺寸的图片地址。

接下来，在页面中引入由它提供的脚本 responsive-images.js。该脚本的作用是计算当前用户屏幕的尺寸并存储在 cookie 中，cookie 字段为 rws-screensize。在<img>发送图片请求的同时，带有用户屏幕尺寸信息的 cookie 值也就会一同发送至服务端。

5.6.2　后端配置

后端的工作就可想而知了，一旦接收到图片请求，可以通过 cookie 中所带的用户设备信息和一同请求不同尺寸的图片地址，来判断应该返回的图片大小。在此项目中，作者以 Apache 服务为例，提供了一个服务器的配置文件 .htaccess 来检测 cookie，并决定是否重定向图片。.htaccess 文件中返回大型图片的规则如下：

```
#large cookie, large image
RewriteCond %{HTTP_COOKIE} rwd-screensize=large
RewriteCond %{QUERY_STRING} large=([^&]+)
RewriteRule .* %1 [L]
```

当然也可以将图片尺寸划分得更加细致。可以以像素单位为区间，也可以在后端加入更多的服务，如缓存、即时压缩。

这个后端方案存在的缺陷是额外的请求会被发出，即 src 中默认的 running.jpg 会被加载。这是因为现代浏览器中存在提前加载的机制，目的是提前加载页面中的某些资源以提高页面的加载速度，但这样的"好心"在我们这个方案中却办了坏事。更多有关提前加载的内容详见第 6 章。

5.6.3　注意

目前已知的两个后端响应式解决方案 Responsive-Images[①]与 Adaptive-Images[②]都已经声明不再维护，并且它们都强烈推荐使用原生的<picture>响应式图片元素或者对应的 polyfill 方案 picturefill[③]。但我认为还是有必要在这里稍作介绍，希望对读

---

① https://github.com/filamentgroup/Responsive-Images

② https://github.com/mattwilcox/Adaptive-Images

③ https://github.com/scottjehl/picturefill

者有所启发。

5.7 优化标题的背景图片

遗憾的是，前面谈论的响应式图片方案大都是针对<img>标签，而不是针对背景图片（background-image）。也无法将页面标题的背景图片用<img>标签代替，因为<header>容器的宽度（跟随浏览器）和高度（80vh）是不规则且非等比例变化的，如果使用<img>标签，无法控制让图片始终覆盖<header>元素。

但接下来仍然可以从其他的几个方向对背景图片进行优化，因为开发人员不容许这种情况发生，即用户在手机设备上浏览器网页时需要加载一张接近 1 MB 的背景图片。首先看一些常用的优化技巧。

5.7.1 image-set

从 Chrome 21 和 Safari 6 开始，浏览器支持一项名为 image-set 的新属性。这项属性主要用于为容器背景图片提供高清图片支持。例如：

```
#target {
    /* 如果浏览器无法识别 image-set，则该图片生效 */
    background-image: url(images/normal.jpg);
    background-image: -webkit-image-set(url(images/normal.png) 1x,
            url(images/retina.png) 2x);
}
```

image-set 语法与媒体查询非常类似，不过图片地址后只能跟随设备的设备像素比条件，而且在使用 image-set 时最好加上浏览器厂商前缀，如-webkit-image-set、-moz-image-set 等。

但是请注意，image-set 与 srcset 有些类似，它旨在为浏览器提供图片素材，最终的选择权仍然在浏览器手中。例如，在网速极低的情况下，高清设备可能仍然会选择加载低清图片。

5.7.2 渐进式图片

这是一项非常古老的技术了。

一般来说，浏览器接收到图片数据后，都是将图片从上至下渲染（如图 5-30 所示），而渐进式图片（progressive JPEG）的渲染方式如图 5-31 所示。

图 5-30

图 5-31

　　浏览器利用已有的、接收到的数据首先渲染出一个分辨率较低或者比较模糊的图片版本，再根据接收到的数据补充完善图片使图片更加清晰。

　　在网速足够快的情况下，两者几乎没有分别。但是，在网速较差的情况下，渐进式图片更够让用户更快地看到图片。这么做的好处也非常明显，能够吸引用户，防止用户跳离页面。

可以在软件 Photoshop 中对图片更改为渐进式，只需要在菜单"文件"中选择"存储为 Web 和设备所用格式"，在打开的对话框中选择"连续"即可，如图 5-32 所示。

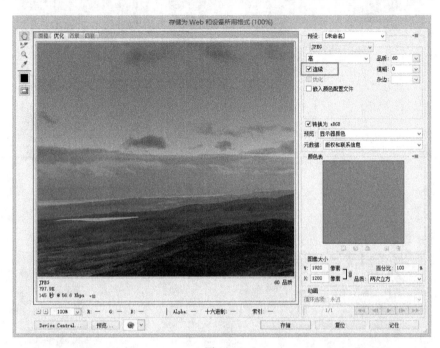

图 5-32

5.7.3 媒体查询

可以考虑回归到使用媒体查询用于切换标题背景图片，可问题是，断点将如何取？

在开发导航栏和文字部分的过程中，在考虑如何设置媒体查询断点时采用的是一种主观审美的方式，把断点设置在认为需要断点的位置（否则就会影响用户阅读和体验），而与设备无关。但是这个策略对标题背景图片作用不大，因为无论视口宽度如何调整，都不会影响图片的展现。

依据设备屏幕尺寸设置断点，这听上去比较合理，因为小屏（手机）应该用小图，大屏（平板、电脑）应该用大图。以手机为例，手机设备屏幕尺寸如此之多，我们无法为每一种屏幕尺寸都准备对应的图片。方法之一是筛选出目前市场上占有率前十的手机型号。在这十个型号中，找出最常用的屏幕尺寸或者视口尺寸（或者接近的），最后仅针对这些尺寸设置断点并且提供图片。这是一个非常投机但接地气的办法。可这个办法的问题在于必须时常依据手机市场的动态更新图片尺寸，问题出在可维护性上。

还有一种方法，取自 Cloud Four 的博客文章《Sensible jumps in responsive image file sizes》^①。简单来说，首先为每一个页面分配"性能预算"（performance budget），如请求不能超过 10 个，数据传输不能超过 10 MB，这里的 10 个、10 MB 就是预算。这个方案中，通过预算推算出单个图片允许的体积，通过体积反推出可以取哪些尺寸的图片，进而推算出断点。采用这种方式的话甚至都不需要亲眼见到图片被裁剪，写一段脚本完成这项工作即可。

5.7.4　无需图片

请再念一遍：

The fastest request is a request not made.

由于高清图片体积巨大，如果对之前的优化方案没有信心，那么请移除该图片，至少在移动端上移除该图片。如果觉得使用纯色作为背景过于单调，可以优先使用渐变背景。总之，可以选择不加载它，以保证用户体验优先：

```
header {
    display: block;
    font-size: 3.75rem; /* 40px / 16px = 2.5 */

    height: 500px;
    height: 80vh;

    min-height: 300px;
    max-height: 1080px;

    position: relative;
    overflow: hidden;

    /*
      渐变选自 http://uigradients.com/
    */
    background: #003973; /* fallback for old browsers */
    background: -webkit-linear-gradient(to left, #003973 , #E5E5BE); /* Chrome
      10-25, Safari 5.1-6 */
    background: linear-gradient(to left, #003973 , #E5E5BE); /* W3C, IE 10+/ Edge,
      Firefox 16+, Chrome 26+, Opera 12+, Safari 7+ */
}
```

---

① http://blog.cloudfour.com/sensible-jumps-in-responsive-image-file-sizes/

这也是最终应用于页面的标题背景方案，效果如图 5-33 所示。

图 5-33

小结

本章只探讨了一个问题，那就是如何让图片具有响应。针对这个问题提出了不同的解决方案，从最古老的 width: 100% 到最前沿的 <picture> 元素，不同的方案有优势也有局限性。这里的局限指技术的成熟度、代码的重构代价，甚至团队中其他工程师的学习成本。软件工程里常说"没有银弹"（No Silver Bullet），就是指没有一个方案是绝对一劳永逸的。技术人员还是应该从自己的需求出发，结合各方面的条件限制，寻找适合自己产品的问题解决之道。

第 **6** 章

脚本与性能：入门篇

从无到有实现一个功能时，编码阶段并不重要，至少不像想象得那么重要。好比在建造一座房子时，最应该深思熟虑的是设计阶段。在编码开始前应该要弄清楚要解决什么样的问题，未来有没有可能有更好的解决方案，需不需要向前或向后兼容等。此外，还需要避免重新发明轮子或者重新造轮子，因为在很大概率上我们一定不是第一个遇到这个问题的人，请首先考虑在众多已有的解决方案中寻求帮助。

本章主要介绍性能的相关知识。Web 性能是一个非常大的话题，哪怕用整本书来讲解也只能覆盖冰山一角，更何况市面上已经有大量非常好的专业书籍来讨论如何调优 Web 性能（建议大家关注 Steve Souders 编写的多本有关建设高性能网站的书以及他的个人博客 http://stevesouders.com/）。本章也只选取了有限几个性能主题来做讲解，专注于重要的、常识性的、有代表性的、能够在我们的产品中应用的知识点。

6.1　为何要选择脚本

脚本在页面中占何种地位，这要依据页面属于什么类型的产品而定。如果 Web 产品类似于微博，需要实时请求用户信息，内容也需要借助脚本加载，那么脚本对页面来说不可或缺；如果页面类似于新闻门户网站，用户几乎不进行任何交互，那么即使浏览器不支持脚本也无所谓，只要保证样式和布局正常、页面能被正常阅读即可。本书的博客页面属于后者，那是不是意味着功能简单的脚本就没有太多可以讨论的地方？恰恰相反，这样一来就有更多的时间来设计、完善、优化脚本。

那么，为什么不直接使用第三方代码呢？请注意，本书案例中的站点同时为移动端和桌面端服务，脚本要尽可能快地被加载和执行。桌面浏览器处理脚本的能力是强大的，但移动端浏览器却不尽然。在我看来，高性能也属于响应式设计的一部分，在移动页面中使用脚本应当是锱铢必较，锱铢是流量也是时间，所以脚本应该像麻雀一般，虽小但五脏俱全。

使用第三方库的好处很多，如 API 丰富、兼容性强。但这种大而全也造成了代码的冗余，而又无法把满足需求的代码剥离出来。再有，通常一个站点的代码是自成体系且模块化的，不同模块会对外提供统一的接口供加载器调用加载。第三方代码要融入这个体系中，需要进行模块化的封装和改造，这为今后维护第三方代码（如为了保证版本一致）造成不少的困扰。

综上所述，这里将使用原生的 JavaScript 实现功能模块。

6.2　为何要谈性能

为什么要谈性能？因为性能是响应式的一部分。响应式的意义不仅是技术级别的，还和体验及可访问性相关。在实际的使用体验中，如果用户不能在耐心用完之前、在恶劣的网络条件下、在快节奏的场景中顺利访问到你的页面，即使你的页面能够千变万化地适应不计其数的设备也是白搭。所以良好的性能是顺利访问的保证。

性能是开发中常被忽视的问题。虽然技术人员直接对开发中产品的性能负责，但却感受不到性能对产品的重大影响，即便这样的实验数据随处可见。例如，微软必应搜索引擎主导的一项有关性能延迟的研究表明，仅 2 s 的延迟就能导致搜索下降 1.8%，用户点击下降 4.3%，用户满意度下降 4%，更重要的是，平均从每个用户身上获取的收益损失 4.3%。这样的损失是非常可怕的。

虽然我们不断地强调性能的重要性，但是在日常的开发中一般还是业务优先。直到遇到瓶颈或者对体验忍无可忍时才想起优化和重构，这样往往是比较难的。即使从这个时候着手优化，但怎么开始，怎么去衡量优化的结果，也都是问题。本章以博客主题页面为线索，介绍包括 Web 性能调优在内的一些常识性问题。

6.3　如何衡量性能

当在谈论和网站性能有关的话题时，或者在形容打开一个页面的感受时，最常使用的词是"快"或"慢"。但对开发者而言，必须要把这些主观感受的词汇落实到可以用数值量化的范畴内。例如，当说"快"时究竟有多快？3 s 还是 300 ms？只有存在衡量的标准，才便于比较优化的效果并制定优化的目标。所以在开始所有的性能调优之前，有必要明确一下本章涉及的用于衡量性能的各类参数。

6.3.1　页面加载时间

用户对于页面性能最直观的感受就是页面的加载时间。相信你自己也有这样的行为：如果某个页面迟迟无法打开，那么会关闭这个页面，去尝试打开下一个搜索结果。

这里的页面加载时间更准确地说是指页面上所有资源加载完成的时间（包括图片、Flash、iframe 等），也就是脚本中 load 事件发生的时机。值得注意的是脚本中还有另一个加载完成时间：DOMContentLoaded 事件发生的时刻，仅包括 DOM 文档被完全解析和加载完成时，不包括图片、样式、iframe 等。但 DOMContentLoaded 不具有参考性，因为该事件发生时，用户浏览的页面资源有限且页面不可交互。如果你熟悉 jQuery，DOMContentLoaded 与 jQuery 中的 $(document).ready 等价。

1. 减少 HTTP 请求

假如页面中有 10 个 HTTP 请求，那么把请求数减少至 5 个会是一个不错的优化方案。不要误会，这里的意思不是彻底删除其中的 5 个请求，而是允许请求之间合并，将请求数降低至 5 个。不要以为请求资源只分为浏览器发送和服务器返回两个步骤。事实上。只是在"请求"这一步骤里，浏览器就需要完成非常多的工作，如域名跳转、DNS 查找、TCP 链接初始化、从缓存中查询等。现代浏览器为开发者提供了一个 Timing 接口（window.performance），能够精确地提供每一个资源在浏览器中的每一步骤的开始时间与结束时间，如图 6-1 所示。

```
> window.performance.getEntries()[0]
▼ PerformanceResourceTiming {responseEnd: 618.0039999962901, responseSta
    connectEnd: 532.8390000003856
    connectStart: 449.83900000038557
    domainLookupEnd: 449.83900000038557
    domainLookupStart: 449.83900000038557
    duration: 170.40399999677902
    entryType: "resource"
    fetchStart: 447.59999999951106
    initiatorType: "link"
    name: "http://www.w3.org/StyleSheets/TR/W3C-CR.css"
    redirectEnd: 0
    redirectStart: 0
    requestStart: 532.8390000003856
    responseEnd: 618.0039999962901
    responseStart: 617.8390000003856
    secureConnectionStart: 0
    startTime: 447.59999999951106
  ▶ __proto__: PerformanceResourceTiming
```

图 6-1

这些时间点存在于一个线性的流程之中，如图 6-2 所示。

127

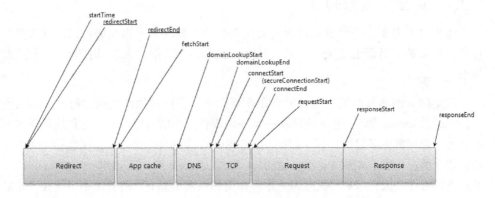

图 6-2

所以请求数越多，付出的额外成本也就越多。来自 10 个不同域名的请求所花费的时间多于来自 5 个不同域名请求所花费的时间，而来自 5 个不同域名请求所花费的时间又多于来自 5 个相同域名的请求所花费的时间，最后来自 5 个相同域名请求所花费的时间多余来自单个（将 5 个请求图片合并为一个图片）文件所需要花费的时间。回想在第 4 章中提到的——The fastest request is a request not made，就是这个意思。

一些常见的技术手段，都是为了减少传输的代价，如使用 CDN、利用浏览器缓存、使用 CSS 精灵（CSS Sprites）、使用 Gzip 压缩等。在第 5 章中，也尝试了使用图标字体减少实体图片的请求数，使用数据 URI 替代图片。

2．媒体查询中图片加载情况

在 5.7.3 节中我故意忽略了一个与加载性能有关的问题，就是查询条件未生效的样式中的图片的加载情况。例如，以下这段代码：

```
<div id="test">
<img src="images/test.png" alt="" />
</div>

@media all and (max-width: 600px) {
    #test {
        display:none;
    }
}
```

假设在打开页面时，页面的宽度不足 600 px。虽然图片元素随父容器#test 被隐藏而不可见，但实际上图片请求仍然被发出。这样的设定就有些危险了，因为看不到图片出现开发人员本能地会以为图片没有被加载（暂且不评论浏览器这样的行为是否合理），进而有可能在"未生效"的媒体查询中添加更多的图片素材，而导致无形中影响了页面的加载速度。

类似的行为还有很多，如媒体查询样式中隐藏元素的背景图片也依然会被下载：

```
<div id="test"></div>

#test {
    background-image:url('images/test.png');
    width:200px;
    height:75px;
}
@media all and (max-width: 600px) {
    #test {display:none;}
}
```

在这个页面[①]中，笔者总结了媒体查询中未展现元素内部的图片加载情况。如果在媒体查询中有和图片相关的操作，请选择恰当的方式以避免引起不必要的性能问题。

6.3.2　速度指数——加载时间并非万能

通过加载时间来衡量页面性能仍然存在局限性，考虑以下两个极端问题。

（1）加载时间优化到极限后如何继续提升 PV？

（2）有没有可能 A 页面的加载时间慢于 B 页面，但 A 页面的转化率要好于 B 页面？

对于第一个问题，可以通过图 6-3 所示的两张页面加载的过程对比图来找到答案。

图 6-3 所示的上下两个加载过程都属于同一个优酷播放页，并且假设都有相同的加载时间 3 s，但区别在于下面的流程更快地显示页面内容，尤其是重点页面内容——对于当前这个页面最重要的是页面播放器部分。毫无疑问，更快地展现（甚至可交互的）页面内容能够提高用户停留在页面的时间。

有了上述结论，就可以推出问题 2 的答案。通常将页面首屏加载并呈现在浏览器视口中的内容称为"滚动之上"（above the scroll 或者 above the fold），如图 6-4 所示。那么很明显，更快地加载滚动之上对吸引用户更加有利，甚至无需考虑整张页面的加载速度。

---

① http://timkadlec.com/2012/04/media-query-asset-downloading-results/

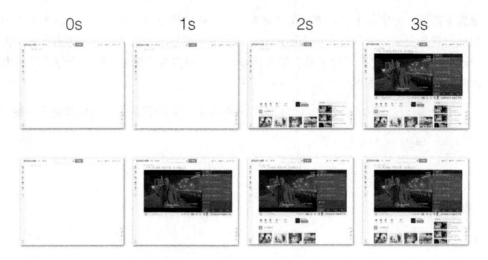

图 6-3

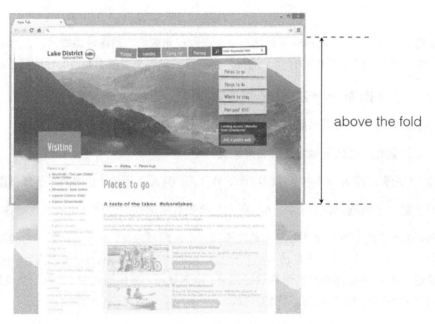

above the fold

图 6-4

从这些方面可以看出，加载时间并非是万能的，它无法用来衡量网页加载时的用户体验。此时需要引入另一个指数——速度指数（speed index）。那么，什么是速度指数？

回到刚刚看到的加载时间与页面完成度的对比图（见图 6-3），现在用具体数值对页面完成度进行衡量，如图 6-5 所示。

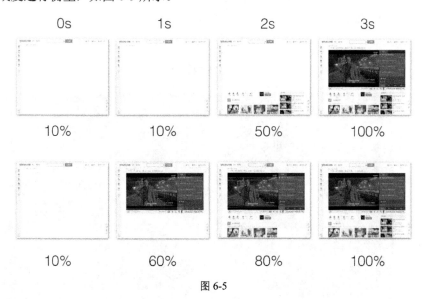

图 6-5

以横轴为加载时间（time），纵轴为滚动之上的页面完成度（visual progress）将页面加载进程绘制为一个二维面积图。图 6-5 所示的加载进程的绘制结果如图 6-6 所示。速度指数就是指绘制的带底色部分面积以外的面积大小。

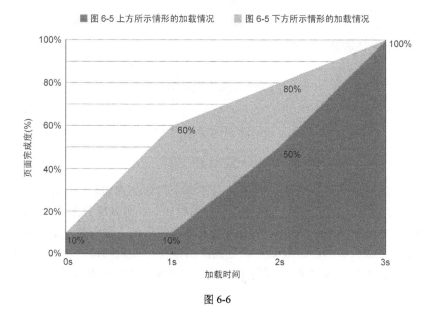

图 6-6

单以图 6-6 中的深灰色部分为例，与之对应的速度指数就是图 6-7 中虚线围住的阴影部分的面积值。

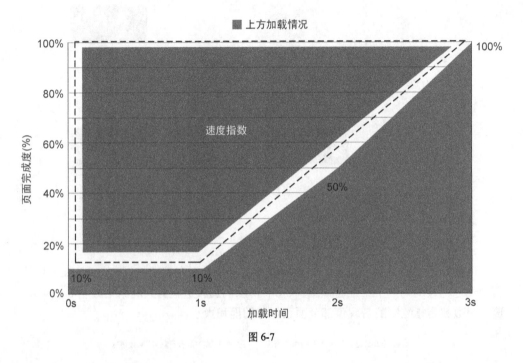

图 6-7

速度指数的计算公式如下。

$$速度指数 = \int_0^{end} 1 - \frac{VC}{100}$$

end=以秒为单位的结束时间

VC=%页面完成

不必去理解这个积分公式，只需要记住这个积分公式的目的是求二维面积图中上方的剩余面积。该剩余面积越小页面加载越快。很明显能看出，图 6-6 中浅灰色部分的剩余面积更小，也就是说它的速度指数值更低，最终也就意味着它的加载速度更快，而从实际的加载截屏中看到的结果也确实是如此。可以想象更极端的情况是当速度指数为 0 时，等同于页面瞬间加载完毕，这也是最理想的情况，如图 6-8 所示。

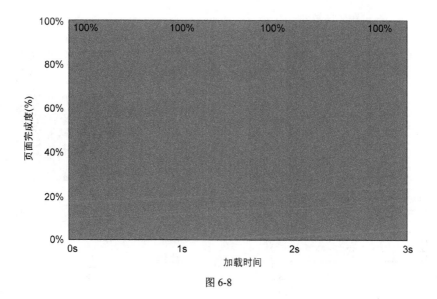

图 6-8

6.3.3　帧数

上面两小节都是从宏观角度，以页面的生命周期来衡量性能的好坏。接下来从微观角度来了解代码是如何影响性能的。

从本质上说，用户看到的浏览器内的每一帧画面都是由系统（GPU 或者 CPU）绘制出来的，与动画的原理类似，因为每一帧切换得足够快，所以用户感觉到平滑与连贯。理想情况下，浏览器绘制帧的频率应该不低于 60FPS（frame per second），也就是每秒绘制 60 帧，这也意味着留给浏览器绘制每帧的时间最多为 16.7 ms（1000 / 60 = 16.66666）。但由于人眼对绘制频率并不敏感，于是可以把状态放宽至 30FPS。在这个状态下，用户在浏览页面时仍然感觉是平滑的。

Chrome 中随处可见测量 FPS 的调试工具，如常用到的 Timeline 调试工具（在页面中，单击鼠标右键，选择"审查元素"或者"检查"打开 Chrome 调试工具，切换到 Timeline 面板即是），如图 6-9 所示。

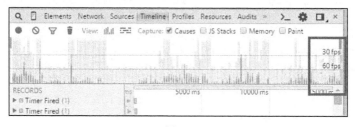

图 6-9

甚至可以实时观察页面的运行帧数，如图 6-10 中右上角所示。

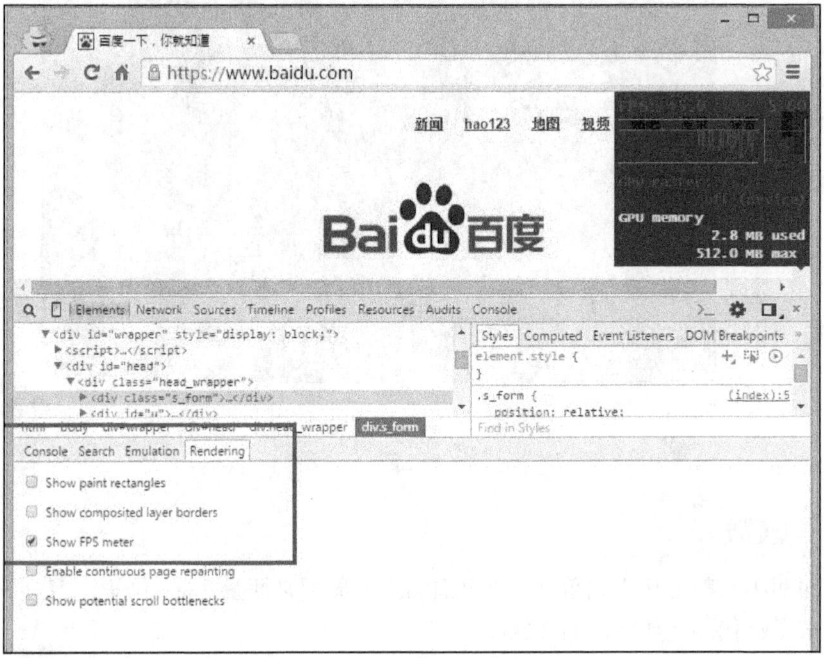

图 6-10

注意，图 6-10 是在隐身模式下进行调试的，这样是为了防止浏览器插件脚本注入当前页面对测量结果产生干扰。

如果绘制频率低于 30FPS，用户就有可能感觉到页面的顿卡而导致用户体验降低（如点击页面时响应不及时，滚动页面响应不及时）。专业词汇 jank 就是用于形容这种页面渲染不平滑的情况。之所以浏览器绘制能力降低是因为浏览器太忙了。实际情况是，16.7 ms 根本就不够用，在绘制每一帧的同时浏览器还需要发出请求、执行脚本等。而浏览器的瓶颈在于浏览器广义上来说是单线程的——UI 线程与 JS 线程互斥。也就是说，在执行脚本时，浏览器根本没有办法重新绘制页面。例如，下面这段脚本：

```
var div = document.querySelector('div');
var color = '';

// 随机产生颜色
function getRandomColor() {
    var letters = '0123456789ABCDEF'.split('');
```

```
    var color = '#';
    for (var i = 0; i < 6; i++ ) {
        color += letters[Math.floor(Math.random() * 16)];
    }
    return color;
}

for (var i = 0; i < 1000 * 10; i++) {
    color = getRandomColor();
    console.log(color); // 打印出颜色，确认随机颜色确实产生了
    div.style.backgroundColor = color;
}
```

这段代码本意为随机给容器变换一万种背景颜色，期望在页面中看到容器的背景颜色不断地随机变换。但事实上只在代码结束后看到容器背景颜色改变了一次（但是在此期间能够能观察到随机产生的颜色持续地被打印出来）。这是因为在脚本不断执行过程中，UI 线程始终被 JS 线程排斥导致无法绘制页面所致，原理如图 6-11 所示。

图 6-11

逆向思考，如何能够看到色彩变化的背景呢？只要在每次赋值背景颜色后，让脚本暂停一会儿，使 UI 线程有时间进行绘制即可。在每次更新背景颜色的操作与下一个操作之间用 setTimeout 给予一定时间的暂停，仅更新循环部分的代码：

```
// 其他部分同上
var count = 1000 * 10;

(function dispatch() {
    if (!--count) return; // 递归停止条件
    setTimeout(function () { // 使用 setTimeout 隔开连续的脚本执行，给 UI 线程操作空间
        color = getRandomColor();
        div.style.backgroundColor = color;
        dispatch(); // 递归调用
    });
})();
```

原理如图 6-12 所示。

图 6-12

综上，优化目的非常明确：把浏览器渲染每一帧的时间向 16.7 ms 靠近。从技术手段上来说，就是在保证页面功能正常运行的情况下，要尽可能地减少页面每一帧的工作量，并且平衡脚本与重绘等其他工作之间的关系。

6.3.4 工具与测试

通过第一节读者了解了什么样的指标能够衡量性能。好消息是找到了优化的目标，坏消息是怎么才能知道距离目标还有多远？换而言之，开发人员还需要了解自身产品的实际性能指数是多少，探究是哪些因素在影响性能。这两项工作都离不开专业的工具，仅凭肉眼和经验都是无法完成的。这一节主要介绍性能调优中的常用工具。

1．Chrome Devtools

Chrome 浏览器自带的页面调试工具无论是对于代码调试还是性能调试，都是很强大的利器。如果读者对前端有一些了解，那你应该使用过它。大部分人使用它时都重点关注样式和脚本调试，很少人会利用它进行性能调试。通过键盘的 F12 键或者在页面中点击鼠标右键浏览器菜单栏的"审查元素"（Inspect）或者"检查"即可打开调试工具，如图 6-13 所示。

因为 Chrome 版本更迭非常快，且书的内容具有滞后性，所以读者在电脑前看到的调试工具可能与书中的截图不同，但布局应该基本一致。

Chrome 自带的调试工具非常强大且功能繁多，庆幸的是它的官方文档[1]对于如何使用工具、面板都讲解得非常详细，语言通俗且有大量图解。所以读者可以直接通过阅读官方文档来进行深度学习。这里讲解几处与上一节对应的性能调试工具，以及后文中可能使用到的工具。

---

[1] https://developers.google.com/web/tools/chrome-devtools/

图 6-13

2．加载时间

当打开调试工具，切换至 Network 或者 Timeline 面板的情况时刷新页面，调试工具会自动记录加载页面时网络请求状态（Network 面板）和页面详细的"工作"情况（Timeline 面板）。在两个面板的截图中，请注意纵向的蓝线和红线，如图 6-14 所示。

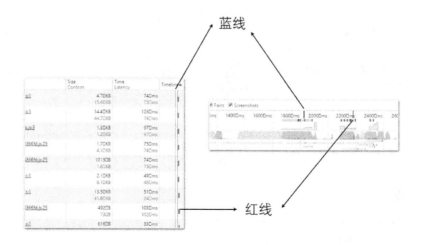

图 6-14

蓝线表示的是 DOMContentLoaded 事件发生的时刻，红线表示 load 事件发生的时刻。前者发生仅表示 DOM 元素加载完毕，而后者则表示所有资源都加载完毕。

顾名思义，Timeline 中以时间顺序线性记录了所有浏览器在渲染页面时发生的事件，从发出请求到脚本执行，几乎透明地呈现出页面的诞生过程。如果想知道究竟是哪个操作的执行时间较长而导致页面加载时间过长，可以选取加载时间线之间的任意时间段，查看每个操作执行的时长，如图 6-15 所示。

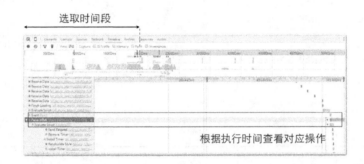

图 6-15

如果这样还不够清晰的话，可以选择以栈图表的方式来查看某个操作占用了多长时间，如图 6-16 所示。

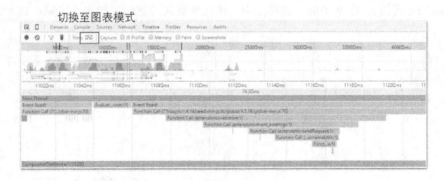

图 6-16

3. 帧数

在 Timeline 面板中，可以明显观察到记录时段下页面渲染的帧数的情况，以 60FPS 为基线，如图 6-17 所示。

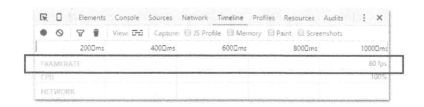

图 6-17

　　在瀑布流中，能具体查看到每一帧的渲染时间，并看到每一帧涉及哪些操作，如图 6-18 所示。

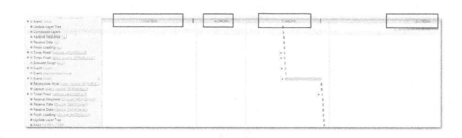

图 6-18

　　在老版本的 Chrome 中，浏览器运行帧数更加明显，以 60FPS 和 30FPS 为基线，如图 6-19 所示。

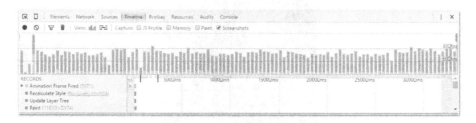

图 6-19

　　如果希望可以实时观察浏览器对当前页面的渲染情况，启动调试工具后，在右上角的菜单中选择 Show console 启用新的面板，并切换至 Rendering 状态，勾选 Show FPS meter。如图 6-20 所示。

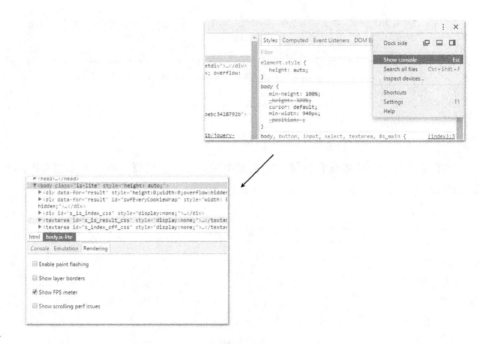

图 6-20

此时在任何页面中只要打开调试工具，就能够在右上角看到当前绘制频率的"心电图"了，如图 6-21 所示。

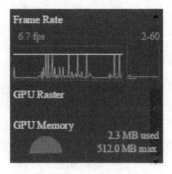

图 6-21

4．WebPagetest

WebPagetest（http://www.webpagetest.org/）是一个免费的第三方开源工具（开源也就意味着用户可以部署一个"私服"在自己的电脑上），用于分析页面的加载性能。

在网站首页，可以输入想测试的页面地址，选择测试浏览器版本和浏览器所在的地理位置。在高级选项中，甚至可以模拟测试时的带宽状况，如图 6-22 所示。

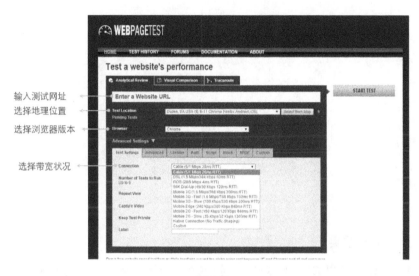

图 6-22

WebPagetest 能够检测出的性能指数与 Chrome 开发工具并无太大差异，如所有网络请求的瀑布图，加载过程中重要的里程碑时间点，不同网络请求的质量分析（图片是否进行缓存、是否使用 CDN 等）等。但重点是 WebPagetest 能够测量出速度指数，并且能清晰地按时间间隔截图出渲染情况。

例如，这里作者选择使用上海机房中的 Chrome 浏览器测试爱奇艺首页，图 6-23 中是加载页面过程中以 500 ms 为间隔的截图，图 6-24 所示的是绘制出的速度指数图。

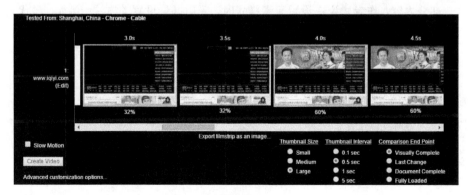

图 6-23

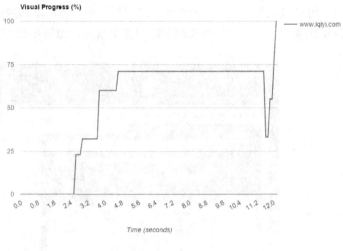

图 6-24

5．测试非常重要

本节的标题是"测试"，但这里说的测试并非传统意义上的测试（test），而是指性能跑分，正确的翻译应该为基准测试（benchmark）。

在本节中，但凡要给出一些有关性能的结论，都会尽可能地给出测试代码进行佐证。因为即使是书本上的经验和知识，随着浏览器升级或者环境的变迁也会变得不再适用甚至错误，实践才是检验真理的唯一标准。

相信不少人都阅读过《High Performance JavaScript》这本书。这是一本非常好的有关脚本性能的图书，作者 Nicholas 也是公认的性能优化方面的专家。但是，本书中的一些结论却是值得商榷的。例如，这本书的第 3 章中"Repaints and Reflows"一节的这一部分内容，作者建议在设置元素样式时，采用批量设置的方法。例如，源代码：

```
var el = document.getElementById('mydiv');
el.style.borderLeft = '1px';
el.style.borderRight = '2px';
el.style.padding = '5px';
```

可以修改为效率更高的：

```
var el = document.getElementById('mydiv');
el.style.cssText = 'border-left: 1px; border-right: 2px; padding: 5px;';
```

是否真的高效完全可以通过运行实际的代码来进行测试、对比。在这里借助于一个工具，即 jsPerf[①]。jsPerf 通过比较不同脚本片段的每秒执行次数（operate per second，ops）来对比不同代码片段的执行效率，得分越高表示每秒执行次数越多也即是效率越高。

进入 jsPerf.com 后无需注册和登录就可以创建测试用例，创建测试用例的具体步骤如图 6-25、图 6-26 和图 6-27 所示。

图 6-25

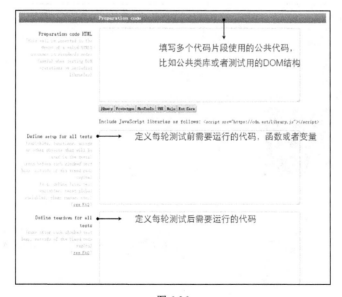

图 6-26

---

① http://jsperf.com/

143

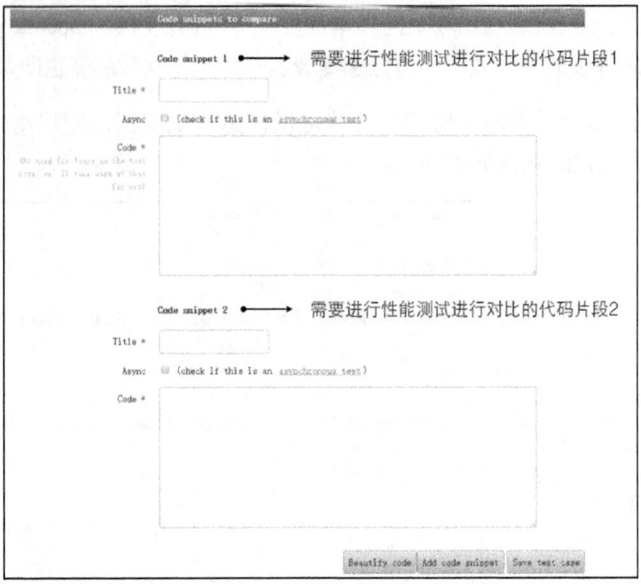

图 6-27

对比代码片段创建之后的页面如图 6-28 所示，点击 Run tests 即可开始运行测试。

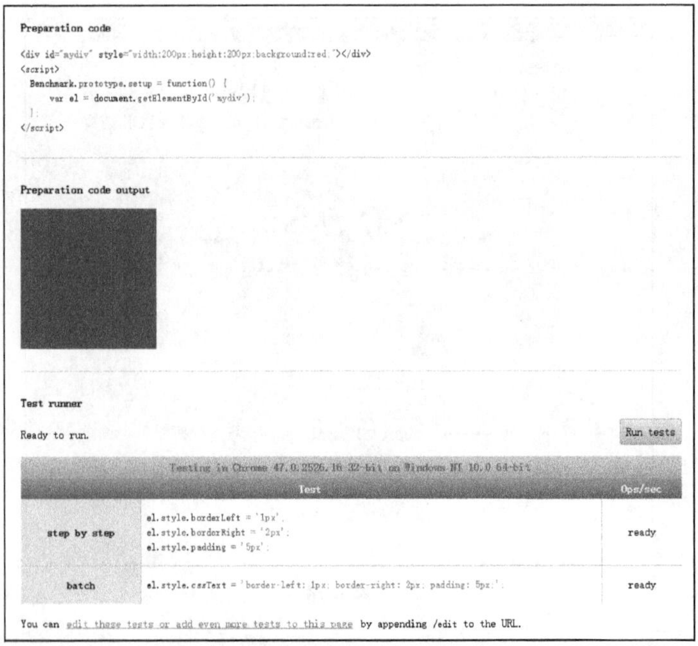

图 6-28

可以在线①访问这个测试用例，测试结果至少在两类浏览器上是不同的。如图 6-29 所示，出现了完全相反的结果。

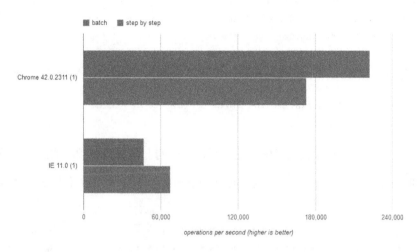

图 6-29

如果相同的操作在不同的浏览器上效率是不同的，那么应该如何抉择？这个问题在某种意义上和处理浏览器兼容性的问题是类似的，Web 产品应该兼容至多低的浏览器其实不是开发人员决定的，而是由用户群决定的。如果用户都是程序员或者互联网从业人员，那么可大胆抛弃 IE6、IE7 和 IE8；但是，如果产品是面向国内的普罗大众，那么还是老老实实地从 IE6 开始兼容吧。

前端工程师们一定听说过这样的一个技巧：把脚本链接放在页面底部。因为如果放在<head>中，对脚本的解析很有可能阻塞后面内容的加载。在某个时期下这种说法是正确的。

我们来构造这样一个页面，看看浏览器的真实行为如何：

```
<head>
<link rel="stylesheet" type="text/css" href="./SomeStyleToLoad.css">
<script type="text/javascript" src="./SomeScriptToLoad.js"></script>
</head>
<body>
<img src="./SomeImageToBeLoad.gif">
<img src="./SomeImageToBeLoad.gif">
```

① http://jsperf.com/repaint-vs-batch-repaint

```
<img src="./SomeImageToBeLoad.gif">
<img src="./SomeImageToBeLoad.gif">
<img src="./SomeImageToBeLoad.gif">
<img src="./SomeImageToBeLoad.gif">
<img src="./SomeImageToBeLoad.gif">
<img src="./SomeImageToBeLoad.gif">
<script type="text/javascript" src="./SomeScriptToLoad1.js"></script>
<script type="text/javascript" src="./SomeScriptToLoad2.js"></script>
<script type="text/javascript" src="./SomeScriptToLoad3.js"></script>
</body>
```

在 IE7 下资源的加载顺序确实是按照代码中的书写顺序加载，如图 6-30 所示。

但是在 IE8 和 Chrome 中，脚本加载则会被提前，如图 6-31 和图 6-32 所示。

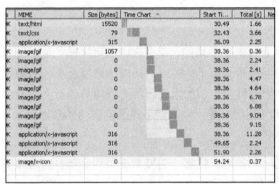

图 6-30

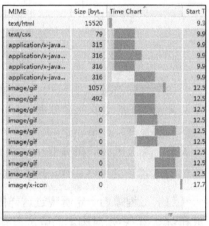

图 6-31

虽然浏览器引擎的实现不同，但原理都十分近似。不同浏览器的制造厂商非常清楚浏览器的瓶颈在哪（如网络、JavaScript 求值、回流、重绘等）。针对这些问题，浏览器在不断进化。所以在资源加载上，从 IE8 开始，一种叫做 lookahead pre-parser（在 Chrome 中称为 preloader）的机制就已经开始在浏览器中兴起。浏览器通常会准备两个页面解析器（parser），一个主页面解析器（main parser）用于正常的页面解析，而另一个预加载器（preloader）则试图去文档中搜寻更多需要加载的资源进行提前加载以便节约时间，但这里的资源通常仅限于外链的 JavaScript、样式表、图片，不包括音频、视频等，并且动态插入页面的资源无效，所以就会看到图 6-32 与图 6-33 中的结果。

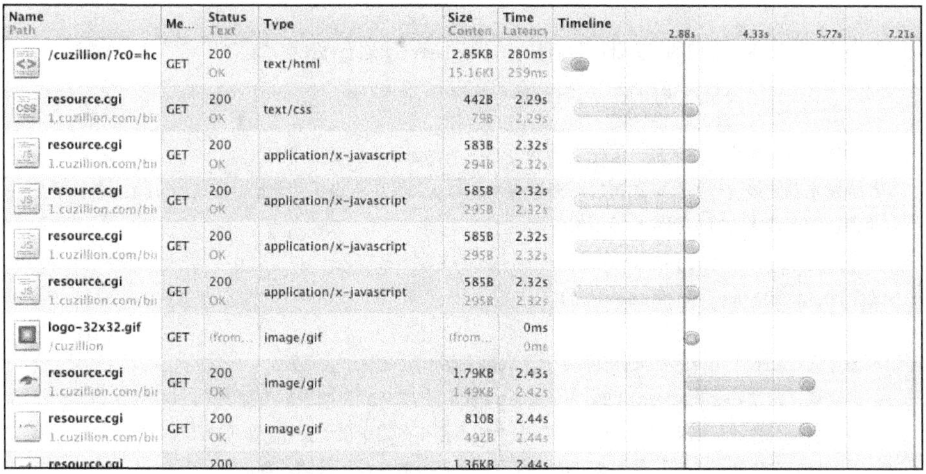

Name Path	Me...	Status Text	Type	Size Conten	Time Latency	Timeline 2.88s 4.33s 5.77s 7.21s
/cuzillion/?c0=hc	GET	200 OK	text/html	2.85KB 15.16Kl	280ms 239ms	
resource.cgi 1.cuzillion.com/bii	GET	200 OK	text/css	442B 79B	2.29s 2.29s	
resource.cgi 1.cuzillion.com/bii	GET	200 OK	application/x-javascript	583B 294B	2.32s 2.32s	
resource.cgi 1.cuzillion.com/bii	GET	200 OK	application/x-javascript	585B 295B	2.32s 2.32s	
resource.cgi 1.cuzillion.com/bii	GET	200 OK	application/x-javascript	585B 295B	2.32s 2.32s	
resource.cgi 1.cuzillion.com/bii	GET	200 OK	application/x-javascript	585B 295B	2.32s 2.32s	
logo-32x32.gif /cuzillion	GET	(from...	image/gif	(from...	0ms 0ms	
resource.cgi 1.cuzillion.com/bii	GET	200 OK	image/gif	1.79KB 1.49KB	2.43s 2.42s	
resource.cgi 1.cuzillion.com/bii	GET	200 OK	image/gif	810B 492B	2.44s 2.44s	
resource.cgi		200		1.36KB	2.44s	

图 6-32

6.4　传统脚本的性能优化指南

上一节从宏观至微观地谈论了衡量性能的 3 个方面，本章接下来的内容主要是针对脚本方向来具体谈性能如何优化。因为脚本是前端的主要生产力工具，最频繁使用也最容易失控，相对于其他优化技巧便于掌握和见效。

首先介绍一个反面教材，通过这个方面教材了解到哪些脚本操作是常见的陷阱，以及如何应对这些陷阱。这一节就以一个图片懒加载的功能为例。

6.4.1　懒加载初级版本

图片懒加载是指图片元素滚动进入浏览器的可视区域后再进行加载，这是为了节省带宽资源和提高页面加载速度。懒加载分为 3 个步骤。

（1）获取页面上需要懒加载的图片元素。

（2）在页面滚动时反复检查图片元素是否滚动进入浏览器的可视区域内。

（3）一旦发现图片元素滚动进入可视区域内，加载图片。

初级版的懒加载脚本就按照这 3 个步骤完成。

```
/*
  步骤一：首先获取页面上需要懒加载的图片元素
*/
```

147

```
// 首先规定所有懒加载的元素都必须拥有 lazy-element 这个样式类名称
var lazyElementClassName = "lazy-element";

// 其次，需要加载的图片地址 src 值存放在另一个 data-src 属性中
// 当脚本确定该图片需要被加载时，将从 data-src 属性中取得图片地址，赋值给 src 属性完成加载
// 所以一个基本的懒加载图片标签应该为：
// <img class="lazy-element" data-src="./demo.jpg">
var srcAttrName = "data-src";

// 通过 getElementsByClassName 方法取得页面上所有懒加载元素
// 请注意，通过 getElementsByClassName 获取的 DOM 元素的数据类型为 HTMLCollection
// 虽然类似于数组可以被遍历，但是该数据类型不存在数组中用于操作元素的方法，
// 因为我们希望当一个懒加载元素完成加载后，就不再对其进行检测，踢出队列中
// 所以使用 Array.prototype.slice.call 方法将 HTMLCollection 转化为数组结构
var elements = Array.prototype.slice.call(
            document.getElementsByClassName(lazyElementClassName)
    );
```

根据 QuirksMode[①]，IE8 并不支持 getElementsByClassName 方法。兼容性问题稍后解决。

```
/*
步骤二：检测元素是否在可视区域内
注意，这里只检测元素的纵向位置是否在可视区域内，
可能出现元素纵向坐标在可视区域内，但横向仍然在屏幕之外，仍然不可见。
但因为横向检测与纵向的检测原理一致，就不重复了
*/
```

在开始之前，需要知道如何判断元素在可视区域内。可以利用 getBoundingClientRect 方法。元素的 getBoundingClientRect 方法用于获取元素相对于视口左上方的位移，如图 6-33 所示。

很明显，只需要通过判断元素距视口上方的距离，就能知道元素是否在视口内。只要元素在下面两个临界点之间即可，如图 6-34 所示。

可见当元素处于下临界点时，它距视口顶部距离恰好为视口高度减去元素高度：max-top = viewportHeight - elementHeight。这并不意味着只有当距顶部

---

① http://quirksmode.org/dom/core/#t11

距离小于这个 max-top 才触发加载图片，这样的话元素已经进入视野内，会让用户
看到图片从无到有的显现过程，降低用户体验。图片元素应该在即将滚动进入可视区
域时就进行加载，也就是 max-top = viewportHeight 时。

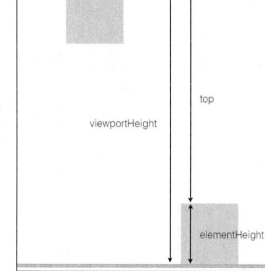

图 6-33   图 6-34

```
// 检测元素是否在可视区域内
function checkElementIsInViewport (elem) {

    // 根据quirksmode: http://www.quirksmode.org/mobile/tableViewport_desktop.html#t01
    // IE8 及以下并不支持 window.innerHeight
    // 所以要通过其他方式取得视口大小
    var viewportHeight = window.innerHeight
                    || document.documentElement.clientHeight
                    || document.body.clientHeight;

    var elemPos = elem.getBoundingClientRect();
    if (elemPos.top
&& elemPos.top > 0
&& elemPos.top <= viewportHeight) {
```

```
        return true;
    }
    return false;
}
```

虽然 getBoundingClientRect 的兼容性非常强[1]，但是也会出现 iPad 上的 Safari 无法支持[2]的情况[3]，所以还需要准备另一方案来判断元素是否在视口内。具体思路如图 6-35 所示。

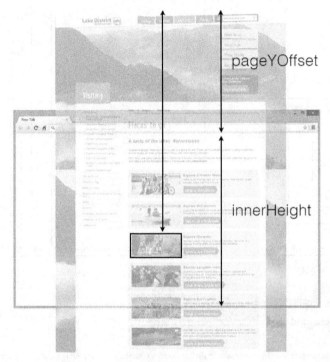

图 6-35

无法直接获取元素相对于视口的位移，但是可以获取元素相对页面的位置与页面相对于浏览器的位移，从而判断元素是否在可视区域内。代码如下：

```
// 该函数用于获取页面元素距页面顶部（非浏览器顶部，非视口顶部）的距离
function getElemOffsetTop(el) {
```

① http://www.quirksmode.org/dom/w3c_cssom.html#t21

② http://stackoverflow.com/questions/9530794/getboundingclientrect-does-not-exist-for-safari-on-ipad-workaround-needed

③ https://github.com/filamentgroup/fixed-fixed/issues/4

```
    var top = el.offsetTop;

    // offsetParent 兼容性良好
    // http://www.quirksmode.org/dom/w3c_cssom.html#offsetParent
    var parent = el.offsetParent;
    while (parent) {
        top += parent.offsetTop || 0;
        parent = parent.offsetParent;
    }
    return top;
}


function checkElementIsInViewport (elem) {
    var viewportHeight = window.innerHeight
                    || document.documentElement.clientHeight
                    || document.body.clientHeight;

    if (elem.getBoundingClientRect) {
        var elemPos = elem.getBoundingClientRect();
        if (elemPos.top && elemPos.top > 0 && elemPos.top <= viewportHeight) {
            return true;
        }
        return false;
    // 如果用户浏览器不支持 getBoundingClientRect
    } else {
        var scrollY = window.pageYOffset
                    || window.scrollY
                    || document.documentElement.scrollTop
                    || document.body.scrollTop;

        var offsetTop = getElemOffsetTop(elem);
        if (offsetTop > scrollY && offsetTop < scrollY + viewportHeight) {
            return true;
        }
        return false;
    }

}
```

值得一提的是获取元素距页面顶部的函数 getElemOffsetTop，它的原理是不

断地向上递归查找 `offsetParent`，并累加与 `offsetParent` 的相对位移得到，如图 6-36 所示。

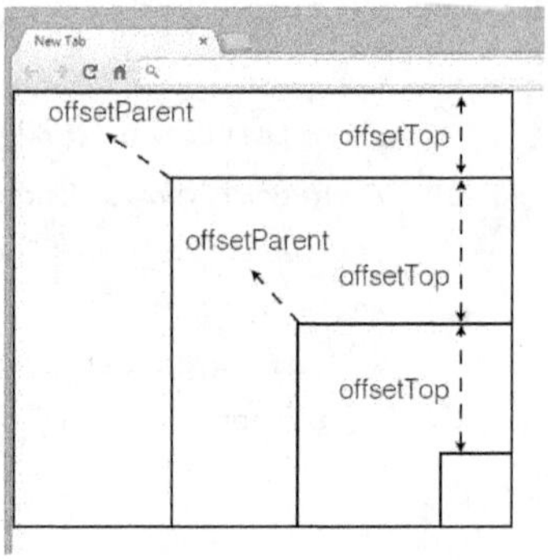

最后,用一个调度函数来不断检测所有的懒加载元素是否满足加载条件,一旦满足并加载图片后立即踢出这个队列:

图 6-36

```javascript
// 加载图片
function loadElement (elem) {
    var srcURL = elem.getAttribute(srcAttrName);
    elem.src = srcURL;
}
```

```javascript
// 调度函数
function checkAvailable () {
    for (var i = 0; i < elements.length; i++) {
        var el = elements[i];

        // 一旦检测发现进入可视区域
        if (checkElementIsInViewport(el)) {
            // 则加载图片
            loadElement(el);

            // 并将该元素踢出队列
            elements.splice(i--, 1);
        }
    }
}
```

```javascript
// 绑定至滚动函数中
window.onscroll = function () {
    checkAvailable();
}
```

完成。此时可以用一个测试页面来验证懒加载的功能:

```html
<!DOCTYPE html>
<html>
<head>
<title></title>
</head>
```

```
<body>
<img class="lazy-element" data-src="./corgi-320.jpg" style="margin-top:2000px;">
<img class="lazy-element" data-src="./corgi-640.jpg">
<img class="lazy-element" data-src="./corgi-1280.jpg">
<script type="text/javascript" src="./lazy.js"></script>
</body>
</html>
```

6.4.2　优化点 1：滚动事件的回调函数

1．在滚动事件的回调函数里编程是不好的实践

隐患最大的一段代码是为 Windows 的 scroll 事件添加的回调函数（这里暂不考虑浏览器兼容性问题，为了便于直观展示，使用 onscroll 而非 addEventListener 添加回调函数）：

```
window.onscroll = function () {
checkAvailable();
}
```

scroll 事件最大的特点是，当用户在滚动页面时该事件会不断地被触发，导致回调函数不断地被调用。滚动页面这一操作看似只是把渲染好的页面往不同方向作位移，但事实上每一帧的变化还是需要浏览器进行重绘。如果回调函数执行时间过长，UI 线程迟迟无法更新页面，就会造成页面顿卡的现象。例如，下面这段代码：

```
window.onscroll = function () {
    var start = +new Date;
    var duration = 1000 * 3;
    while ((+new Date) - start <= duration) {} // 连续执行 3s
}
```

每一次滚动事件的回调函数都会连续执行 3 s，这会导致浏览器根本无法响应操作（如果是在 Chrome 中测试，在页面中最好加上一个 position:fixed 元素，能够强制重绘。因为 Chrome 对于滚动中不需要重绘的场景做了优化，不会再发生顿卡）。

2．解决办法

解决这个问题的思路和使用 setTimeout 或者 setInterval 的思路一致，给 UI 线程提供绘制页面的间隙。但这次并不直接在滚动事件的回调函数中进行操作，而是将可能引起卡顿的操作解耦出来，上面的代码可以修改为：

```
var isScrolling = false;

function jank () {
    var start = +new Date;
    var duration = 1000 * 3;
    while ((+new Date) - start <= duration ) {}
    isScrolling = false;
}

setInterval(function () {
    if (isScrolling) {
        jank();
    }
}, 1000);

window.onscroll = function () {
    isScrolling = true;
}
```

在这段代码中：

（1）页面滚动触发滚动事件的回调函数，将一个标志位 isScrolling 设置为 true。

（2）setInterval 以 1 s 为间隔不停地检测 isScrolling 标志位，来决定是否执行回调函数 jank。

（3）通过标志位，能保证始终只有一个 jank 函数在执行。只有当前 jank 函数执行完毕后，才可能允许下一个 jank 函数执行。

（4）在执行 jank 的间隙，至少能有 1 s 的时间给 UI 线程进行页面重绘。

这样最大限度地避免了卡顿，至少它能保证浏览器能滚动了（畅快了许多）。

3. 借助于 window.requestAnimationFrame

懒加载功能也可以使用上面所说的方法进行改进，但是借助 window.request AnimationFrame（rAF）效果更好。借此也普及下 rAF 的妙用。

在每次重绘之前浏览器就会调用传入 rAF 的回调函数。大部分人对 rAF 的使用还停留在与 DOM 相关的动画上。例如，在每一帧中将元素的 top 值加 1：

```
requestAnimationFrame(function update() {
    element.style.top = (++topVal) + 'px';
```

```
    requestAnimationFrame(update); // rAF 的回调函数只会被调用一次，如果希望每帧都执行，
则每帧都需要调用

    })
```

乍看使用方法和 setTimeout 相似（要知道 rAF 的 polyfill 就是借助 setTimeout 实现的）。但是它的魅力在于它能够保证被循环的操作是在绘制每一帧之前执行。可 setTimeout 不行吗？

首先计时器（setTimeout 与 setInterval 统称为计时器）计算延时的精确度不够高。延时的计算依靠的是浏览器的内置时钟，而时钟的精确度又取决于时钟频率。IE8 及之前的 IE 版本更新间隔为 15.6 ms。如果设定的 setTimeout 延迟为 16.7 ms，那么它要更新两个 15.6 ms 才会触发延时。这也意味着无故延迟了 $15.6 \times 2 - 16.7 = 14.5$ ms。

```
            16.7ms
DELAY: |------------|


CLOCK: |----------|----------|
           15.6ms     15.6ms
```

所以即使 setTimeout 设定的延时为 0 ms，它也不会立即触发。目前 Chrome 与 IE9 及以上版本浏览器的更新频率都为 4 ms（如果使用的是笔记本电脑，并且在使用电池而非电源的模式下，为了节省资源浏览器会将更新频率切换至与系统时间相同，也就意味着更新频率更低）。

退一步说，假设计时器的更新频率能够达到 16.7 ms，它还要面临一个异步队列的问题。因为异步的关系 setTimeout 中的回调函数并非立即执行，而是需要加入等待队列中。但问题是，如果在等待延迟触发的过程中，有新的同步脚本需要执行，那么同步脚本会插在计时器的回调之前。例如，下面这段代码：

```
function runForSeconds(s) {
    var start = +new Date();
    while (start + s * 1000 > (+new Date())) {}
}


document.body.addEventListener("click", function () {
    runForSeconds(10);
}, false);


setTimeout(function () {
```

155

```
      console.log("Done!");
}, 1000 * 3);
```

如果在等待触发延迟的 3 s 过程中有人点击了 body，那么回调还是准时在 3 s
完成时触发吗？当然不能，它会等待 10 s，同步函数总是优先于异步函数，如图 6-37
所示。

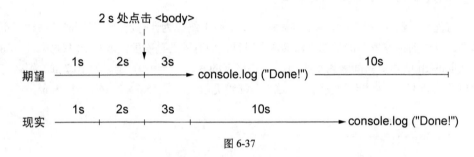

图 6-37

和计时器相比，rAF 更加精确和可靠，即使浏览器出现 jank 或者掉帧的情况（这
再正常不过了），rAF 还是能够保证在绘制每一帧前执行。它还能解决诸如垂直同步
等问题（如果你是个游戏玩家，一定对垂直同步引起的画面撕裂不陌生）。鉴于篇幅
的关系就不一一列出了。所以，如果条件允许的话，大部分使用 setTimeout 的地
方都可以使用 requestAnimationFrame 来代替。

回到代码中，接下来借助 rAF 对代码进行改造：

```
function scrollEventHandler() {
    requestAnimationFrame(function update() {
        checkAvailable();
        requestAnimationFrame(update);
    });
}

// 绑定至滚动函数中
window.onscroll = function () {
    scrollEventHandler();
}
```

上面这段代码有一点儿小问题，每次滚动事件触发后，又会触发新的 rAF，但事
实上 rAF 只需要触发一次就能无限执行下去。所以还需要设置一个标志位，来保证 rAF
仅被触发一次。

```
var initialized = false;

function scrollEventHandler() {
    if (!initialized) {
        requestAnimationFrame(function update() {
            checkAvailable();
            requestAnimationFrame(update);
        });
    }
    initialized = true;
}

// 绑定至滚动函数中
window.onscroll = function () {
    scrollEventHandler();
}
```

6.4.3　优化点 2：重绘与回流

1．什么是重绘和回流

虽然最终在浏览器里看到的网页内容是平面的，但实际上它和 DOM 结构一样也是树状结构，称之为渲染树（render tree）。渲染树上的每一个节点都是相关的，这就对应着页面里的每一个元素的位置大小与其他元素也有关联。

（1）当页面上的某一个元素的大小或者位置发生更改时，都会影响到与它相邻元素的状况，甚至整个页面的元素状态（位置、元素大小）都需要重新计算和更新。这种操作称为回流（reflow）或者布局（layout）。一个页面至少会有一次回流，就是在页面初始化时。

（2）当某个元素颜色样式发生更改时（如背景颜色、文字颜色），页面也需要更新，浏览器需要重新绘制元素，称为重绘（repaint）。

请记住，回流和重绘的代价是非常大的。而代码中常常涉及的 DOM 的非常多的操作都会引起重绘和回流，如增删元素、隐藏或显示元素，甚至是调整浏览器窗口大小、字体大小。事实上，与 DOM 相关的操作相比，单纯地运行 JavaScript 脚本的代价都是昂贵的。可以用脚本佐证：

```
var count = 1000 * 1000;
var temp;
```

```
var start = +new Date;
for (var i = 0; i < count; i++) {
    // 1) temp = i + count;
    // 2) temp = window.pageYOffset;
    // 3) document.write("<p>Hello World</p>");
}
console.log((+new Date) - start);
```

可以分别取消第 1、2、3 项操作的注释，通过打印时间来分别计算不同操作的运行时间。无论在哪种浏览器中，都是第一项单纯的脚本计算最快，第 3 项写入 DOM 最慢。

2．如何解决这个问题

开发人员知道这个缺陷，浏览器厂商也知道这个缺陷，所以他们尝试通过一些技术手段来做弥补。例如，将好几次的回流操作或者重绘操作加入一个队列中，在适当时批处理执行一次，这样就能将性能损耗减少到最低。或者采用两行代码来调整元素的宽和高：

```
target.style.width = 200px;
target.style.height = 200px;
```

两次调整容器尺寸引起两次回流操作，但是对于浏览器来说，这两次回流合并为一次执行。

但是，有些 DOM 操作对上面这一类优化是有害的。例如，当选取的属性值包括但不限于 offsetTop、offsetLeft、scrollTop、clientTop 这些时。

之所以说有害，是因为这些属性值是"全局"性质的。当浏览器获取这些属性值时（如 scrollTop），需要此时页面上的其他元素的布局和样式处于最新状态。这样也意味着浏览器必须中断上面的优化批处理流程，并且立即将队列中的样式更改应用到容器中，而这又引起多次的回流和重绘。这样的操作称为强制回流（https://gist.github.com/paulirish/5d52fb081b3570c81e3a 总结了最新的可以引起强制回流的大部分的操作）。当然也可以从 Chrome 调试工具中对该行为进行甄别。例如，下面这段代码：

```
<div>Lorem ipsum dolor sit amet, admodum singulis in cum, purto dicta pro te, eos
et tacimates gloriatur.</div>

<script type="text/javascript">
```

```
    var target = document.querySelector('div');
    console.log(target.clientHeight);
    console.log(target.clientWidth);
</script>
```

在打开 Timeline 面板的情况下重新刷新页面，就能获取页面加载时每一帧的运行情况。请留意惊叹号最明显的那一项，根据下面栏标注的警告可以看出，强制同步回流（Forced synchronous layout）操作是一项性能瓶颈，如图 6-38 所示。

该操作发生在第 11 行，就是获取 clientHeight 的操作代码，如图 6-39 所示。

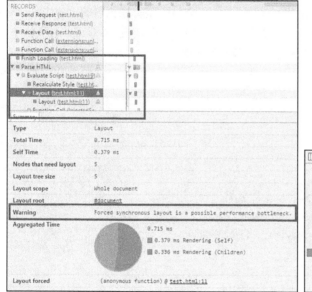

图 6-38

图 6-39

很明显在代码段中有非常多这样的代码。例如，在函数 checkElementIsInViewport 中获取当前视口高度：

```
var viewportHeight = window.innerHeight
            || document.documentElement.clientHeight
            || document.body.clientHeight;
```

或获取页面的纵向位移：

```
var scrollY = window.pageYOffset
            || window.scrollY
```

159

```
                || document.documentElement.scrollTop
                || document.body.scrollTop;
```

必须承认，在这个功能的脚本中，这两段代码是必不可少的。虽然代码无法被替换，但是可以将代码造成的伤害降到最低。

注意，checkElementIsInViewport 函数的作用是检测单个元素是否在视口内。当页面上有多个懒加载元素时，每一轮（每次滚动事件发生时）都会多次调用该检测函数，也就意味着上述两段危险操作也会被调用多次。

但问题是，当多个检测函数执行时，视口高度已经不会再发生变化了（视口高度只在调整窗口大小时才会发生变化）。那么只要在全局中监听浏览器的 resize 事件与 scroll 事件，在这两个事件的回调函数中记录视口高度和位移即可，这样就不必在每次 checkElementIsInViewport 函数调用时都查询一次位置。

修改和新增的代码如下：

```
var _viewportHeight;
var _pageYOffset;


function setViewportHeight () {
    _viewportHeight = window.innerHeight
                || document.documentElement.clientHeight
                || document.body.clientHeight;
}


function setPageYOffset () {
    _pageYOffset = window.pageYOffset
                || window.scrollY
                || document.documentElement.scrollTop
                || document.body.scrollTop;
}


// 只在这两个事件的回调函数中重新赋值
window.onresize = function () {
    setViewportHeight();
}


window.onscroll = function () {
```

```
    setPageYOffset();
}


function checkElementIsInViewport (elem) {

    if (elem.getBoundingClientRect) {
        var elemPos = elem.getBoundingClientRect();
        // 不必每次使用时都查询，而是直接获取_viewportHeight
        if (elemPos.top && elemPos.top > 0 && elemPos.top <= _viewportHeight) {
            return true;
        }
        return false;

    } else {

        var offsetTop = getElemOffsetTop(elem);
        if (offsetTop > _pageYOffset && offsetTop < _pageYOffset + _viewportHeight) {
            return true;
        }
        return false;
    }

}
```

6.4.4　优化点 3：选择器

接下来需要处理一下代码的兼容性问题。例如，开头的这一段通过样式类名称选择元素的操作：

```
document.getElementsByClassName(lazyElementClassName)
```

通过 caniuse.com[①] 查询得知，在目前选择的浏览器中，只有 IE8 不支持 document.getElementsByClassName 操作，但所有的浏览器都支持 document. querySelectorAll 操作。那么不如放弃使用 getElementsClassName，统一使用 querySelectorAll？

不，应该选择更高效的解决方案，而不是更方便的解决方案。如何判断哪个选择

---

① http://caniuse.com/#feat=getelementsbyclassname

161

器更高效？在这里通过使用 jsPerf 上的一个测试用例来看对比的数据，如图 6-40 所示，getElementsByClassName 的 OPS 更高（几乎是 querySelectorAll 的 800 倍），效率更好。

Testing in Chrome 47.0.2526.16 32-bit on Windows NT 10.0 64-bit		
	Test	Ops/sec
getElementsByClassName	`nodes = document.getElementsByClassName('classname');`	16,861,320 ±5.69% fastest
querySelectorAll	`nodes = document.querySelectorAll('[class = classname]');`	21,224 ±7.89% 100% slower

图 6-40

你一定觉得我是在小题大做，两个操作最多相差几毫秒，会引起多大的性能问题？我将用一个选择器性能引发的真实事故来回答这个问题。jQuery 作者 John Resig 在他的博客中有一篇名为《Learning from Twitter》[①]的文章，讲述了一个发生在 Twitter 上的真实事故。

Twitter 在某一次上线之后发现用户滚动页面会奇慢无比，甚至无法响应。调查之后发现，如果他们将使用的 jQuery 版本从 1.4.4 回滚到 1.4.2，那么页面就恢复正常了。原来是这一句代码出现的问题：`$details.find(".details-pane-outer")`。

那么 1.4.4 版本与 1.4.2 版本有什么区别呢？区别在于前者使用了浏览器原生的 querySelectorAll 作为默认选择器。在大多数情况下，querySelectorAll 都比原来的 Sizzle 引擎更快，但并非所有情况都得到了改善。例如，通过样式类名称查找 `.find(".className")` 和通过标签名称查找 `.find('div')` 的操作效率就变得更低了。在早期版本中，选择器都是通过 getElementsByClassName 和 getElementsByTagName 来实现上述两个功能，与 querySelectorAll 相比，通过测试[②]发现，根据浏览器的不同大概能快出 0.5～2 倍。

事实上，选择器的性能问题只是这次事故中压垮骆驼的最后一根稻草。通过这次事故，John 给出了两点建议：第一，不要给 scroll 事件直接绑定回调函数（正如我们之前所做）；第二，总是将选择器的选择结果缓存起来。

回到实际的代码中，因为只支持通过样式类名称选择元素，很明显要优先使用

---

① http://ejohn.org/blog/learning-from-twitter/

② http://jsperf.com/jquery-context-find-class

getElementsByClassName：

```
var elements = Array.prototype.slice.call(
    document.getElementsByClassName
    ? document.getElementsByClassName(lazyElementClassName)
    : document.querySelectorAll('.' + lazyElementClassName)
);
```

小结

　　本章编写了一个常规功能的脚本，也从常规角度对代码进行了优化。最重要的是学习了如何对性能进行量化，这有助于在今后的工作中确立精确的优化目标。下一章的内容将继续优化这个话题，不过将逐渐提高视角，讲一讲优化时的一些策略。

第7章

脚本与性能：提高篇

优化代码不能做事后诸葛亮，在编写代码的同时就应该采取一定的技巧来避免可能发生的问题。本章不会再停留于洞察代码的细节上，而是会讲解一些常见的优化思路，让读者更深刻地理解性能优化。

7.1 避免脚本

Kyle Simpson 在他的文章《Optimizing Visual Updates》[①]中有这么一句话我十分赞同：

Rule of thumb: don't do in JS what you can do in CSS.（经验法则：能够使用 CSS 实现的功能请勿使用 JavaScript。）

请时刻牢记脚本是性能成本很高的工具。代码证明，在实现同一效果的前提下采用脚本实现的方式会导致帧数降低。

在浏览器可视区域内随机地绘制 300 个长宽为 100 px 的不同背景颜色的容器，并重复改变每一个容器的不透明度（从 1 至 0）以便迫使浏览器进行重绘。在浏览器中看到的动画效果是 300 个容器统一在闪烁。在闪烁的过程中通过调试工具观察浏览器的帧数情况，假设我们已经完成了 300 个容器的绘制，如图 7-1 所示。

接下来用两种方式来实现这种效果。

---

① http://blog.getify.com/optimizing-visual-updates/sss

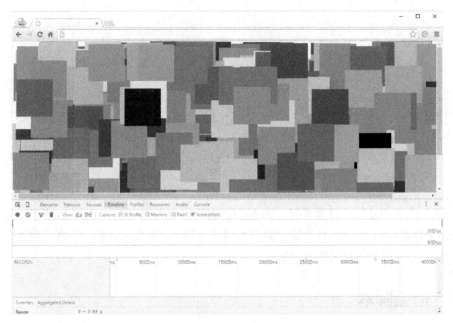

图 7-1

7.1.1 样式实现

借助于 CSS3 帧动画，创建一个不透明度从 1 变为 0 的关键帧（keyframe），在 .fadeIn 的样式中引用该帧，以 1 s 的执行周期无限执行下去。

```
@keyframes fadeIn { /* 关键帧名称为 fadeIn */
    /*
        在动画的执行周期开始时（0%），不透明度为 1
        在动画的执行周期结束时（100%），不透明度为 0
        动画执行过程中的其他时间不透明度交给浏览器做变换
     */
    0% {
        opacity: 1;
    }
    100% {
        opacity: 0;
    }
}


.fadeIn {
```

166

```
    /*
      引用的动画名称为 fadeIn
    线性执行（linear）
    动画持续时间 1 秒（1s）
    无限（infinite）执行下去
    */
    animation: fadeIn linear 1s infinite,
}
```

再依次为这 300 个容器添加 fadeIn 的类名：

```
// 300 个容器都存储在 domArr 这个数组中
domArr.forEach(function (el) {
    el.classList.add('fadeIn')
})
```

运行结果是，可以看到浏览器的运行帧数远高于 60FPS，如图 7-2 所示。

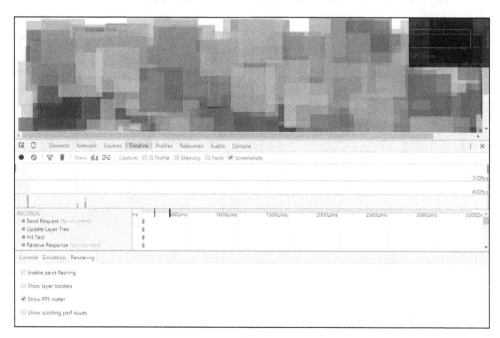

图 7-2

即使将容器数量上升为 600 或 900，帧数也毫无变化。

7.1.2　脚本实现

接下来通过脚本来实现动画闪烁效果：

```
var opacity = 1;
requestAnimationFrame(function update() {

    opacity = (opacity-= 0.02) < 0? 1: opacity;

    domArr.forEach(function (el) {
        el.style.opacity = opacity;
    });

    requestAnimationFrame(update);
});
```

同样是 300 个容器，但浏览器帧数已经在 60FPS 左右徘徊了，如图 7-3 所示。

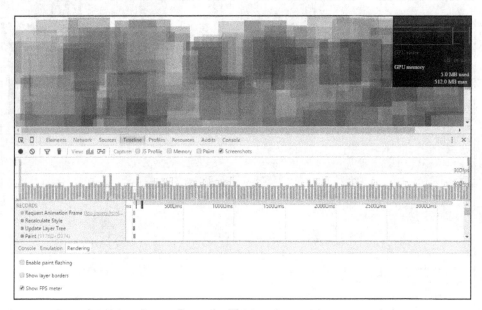

图 7-3

当容器个数上升至 600 时，帧数下降到 40FPS，如图 7-4 所示。

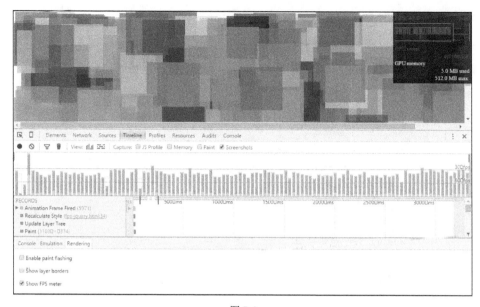

图 7-4

当容器个数上升到 900 时，帧数下降到 30FPS，如图 7-5 所示。

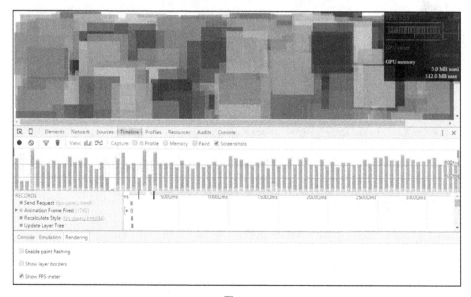

图 7-5

所以请各位牢记：能够使用 CSS 实现的功能请勿使用 JavaScript。

7.1.3 回到导航栏

再一次回到导航栏，这次的任务是设法移除导航栏的脚本。目前在导航栏中使用的脚本是用于控制移动导航栏的展开与收起：

```
btn.onclick = function () {
    menuIsCollapse = !menuIsCollapse;
    if (menuIsCollapse) {
        menu.style.display = 'none';
        btn.classList.remove('icon-cross');
        btn.classList.add('icon-menu');
    } else {
        menu.style.display = 'block';
        btn.classList.remove('icon-menu');
        btn.classList.add('icon-cross');
    }
}
```

移除脚本的同时又必须保留原有的功能，于是办法只有一个：用样式代替脚本实现所需功能。这听起来似乎有些不可思议，但接下来给出的两个方案至少对当前情况是可行的。

1．:checked 实现

大家都知道在表单中可以为复选框（`<input type="checkbox">`）添加对应的`<label>`控件，从而间接控制勾选框。例如：

```
<label for="myCheckbox">Click me!</label>
<input id="myCheckbox" type="checkbox" />
```

当点击`<label>`标签里的"Click me!"时，随后的复选框也随之改变。更重要的是，一旦勾选情况改变，那就能根据复选框是否选择的是伪类选择器:checked 来控制勾选框及其周围元素的样式。

例如，在复选框后添加一个`<p>`元素：

```
<label for="myCheckbox">Click me!</label>
<input id="myCheckbox" type="checkbox" />
<p>This is a paragraph</p>
```

接下来再添加一段样式：

```
#myCheckbox:checked + p {
    background:red;
}
```

这段样式的意义为，当复选框选中时（#myCheckbox:checked），将复选框相邻兄弟<p>元素（#myCheckbox:checked + p）的背景颜色设置为红色。

如果此时选择将复选框隐藏（display:none;），那么在不知情人看来，通过点击<label>标签就控制了另一个容器的背景颜色，这和点击事件有异曲同工之妙。我们将使用这个方案替代原来的脚本。首先来回顾一下原始结构：

```
<div class="menu-btn">
<a href="javascript:void(0)" class="menu-btn-icon icon icon-cross"></a>
</div>
<ul class="nav-container-list">
```

很明显准备将<a>标签替换为用于点击的<label>，同时在<div>与<ul>之间添加一个复选框：

```
<div class="menu-btn">
<label class="menu-btn-icon" for="collapseBtn"></label>
</div>
<input type="checkbox" id="collapseBtn">
<ul class="nav-container-list">
```

注意，此时就没有办法使用图标字体了，因为应用图标字体需要添加和移除样式类名称，这是选择器无法办到的。所以对于图标部分这里选择数据 URI，移除了 icon icon-cross 的样式类名称。用于控制展开的按钮样式如下：

```
.menu-btn-icon {
    border: none;
    width: 30px;
    height: 30px;
    background-image: url(data:image/png;base64,iVBORw0KGgoAAAANSU.....==); /*
此处省略部分数据 URI 文本 */
    background-position: center center;
    background-repeat: no-repeat;
    background-size: cover;
    cursor: pointer; /* 因为不再是<a>标签，所以需要手动设置鼠标样式 */
    float: left;
    margin-left: 10px;
```

```
}
#collapseBtn {
    display: none;
}
#collapseBtn:checked + .nav-container-list {
    display:block;
}
```

在上面的样式代码中，菜单 nav-container-list 默认隐藏，同时复选框也默认隐藏，但这不影响它的伪类样式。在复选框被勾选后，使用兄弟选择器展现菜单。

但是这样的结构有一个问题，无法控制按钮的图标切换。因为所有的样式变换都是以 :checked 为中心的，选择器无法选择复选框之前的元素。需要调整一下 HTML 结构，将复选框置于最前：

```
<input type="checkbox" id="collapseBtn">
<div class="menu-btn">
<label class="menu-btn-icon" for="collapseBtn"></label>
</div>
<ul class="nav-container-list">
```

这样就能通过复选框先后选择到按钮 menu-btn 和导航栏 nav-container-list 元素了。重新调整样式：

```
.menu-btn-icon {
    border: none;
    width: 30px;
    height: 30px;
    background-image: url(data:image/png;base64,iVBORw0KGgoAAAANSU.....==); /*
        此处省略部分数据 URI 文本 */
    background-position: center center;
    background-repeat: no-repeat;
    background-size: cover;
    cursor: pointer;
    float: left;
    margin-left: 10px;
}
#collapseBtn {
    display: none;
}
#collapseBtn:checked ~ .nav-container-list {
```

```
        display: block;
}
#collapseBtn:checked ~ .menu-btn > .menu-btn-icon {
        background-image: url(data:image/png;base64,iVBORw0KGgoAAAANS......CC);/*
            此处省略部分数据 URI 文本 */
}
```

将相邻兄弟选择器"+"替换为通用兄弟选择器"~"，前者仅限于相邻的兄弟元素，而后者对同一个父容器之下的兄弟都有效。注意在选择<label>元素用于替换背景图片时，首先选择的是<label>的父容器 div.menu-btn，再通过直接后代选择器">"选择<label>标签。因为无法直接选择相邻元素的子元素。

2．:target 实现

:target 与上一个方案中的:checked 都属于伪类选择器。当浏览器 URL 的散列值与一个元素的 id 相同时，该元素的伪类选择器:target 匹配成功。例如，可以设计一个超链接指向页面的某个容器：

```
<a href="#myDiv">Click me!</a>
<div id="myDiv">This is a div</div>
```

再为#myDiv 添加:target 伪类样式：

```
#myDiv:target {
        background:red;
}
```

当点击超链接后，浏览器的地址栏结尾应该为/index.html#myDiv（假设页面文件名称为 index.html）。此时#myDiv 的背景颜色变为红色。可以想象，不仅可以让它变为红色，还能够让它消失 display:none。这就是第二个方案使用超链接模拟脚本点击的基本原理。接下来按照这个思路来改造导航栏。

回到最初的导航栏，使用的依然是图标字体，导航栏.nav-container-list 默认隐藏。不过，此时将按钮的超链接指向最外层容器#nav：

```
<nav id="nav">
<div class="menu-btn">
<a href="#nav" class="menu-btn-icon icon icon-menu" href=""></a>
</div>
<ul class="nav-container-list"></ul>
</nav>
```

那么当用户点击菜单按钮时，利用 `:target` 伪类选择器，将菜单显现出来：

```
#nav:target> .nav-container-list {
    display: block;
}
```

但是此时的问题是无法将按钮的图标切换为关闭状态。因为此时无论如何点击，URL 的散列值都无法再改变。

解决办法是，再创建一个超链接按钮用于展示按钮的隐藏状态，该按钮的超链接地址指向非 `#nav` 的散列值，如 `#idNotExist`：

```
<div class="menu-btn">
<a href="#nav" class="menu-btn-icon icon icon-menu" href=""></a>
<a href="#idNotExist" class="menu-btn-icon icon icon-cross" href=""></a>
</div>
```

在默认情况下，指向 `#nav` 的按钮显示，指向 `#idNotExist` 的按钮隐藏；当菜单显示后，指向 `#nav` 的按钮隐藏，指向 `#idNotExist` 的按钮显示。我们的思路是，两个按钮默认都展现，通过判断 `#nav` 的伪类选择器是否匹配成功，来选择隐藏谁：

```
#nav:not(:target) > .menu-btn > a:last-of-type {
    display: none;
}

#nav:target > .menu-btn > a:first-of-type {
    display: none;
}
```

上面样式中的第二段非常好理解，当散列指向 `#nav` 时，我们将 `#nav` 容器内子元素 `.menu-btn` 内的第一个超链接 `a:first-of-type` 隐藏。`:first-of-type` 伪类选择允许选择同类型的第一个兄弟节点，也就是选择有展开菜单图标（`.icon-menu`）的超链接。当用户点击展开按钮时（散列值发生改变），展开按钮隐藏起来。

样式中第一段 `:not` 是一个否定（取反）选择器，可以理解为选择"除…以外"的元素，例如，选择"除 id 为 myDiv"以外的所有 div：`div:not(#myDiv)`，选择除 `<img>` 以外的所有元素：`*:not(img)`。所以 `#nav:not(:target)` 的意思为当散列不指向 `#nav`。所以第一段的样式规则为，当 `#nav` 不是当前散列的取值时，将 `#nav` 容器内 `.menu-btn` 元素的最后一个带有关闭图标（`.icon-cross`）超链接

a:last-of-type 隐藏起来。也就是当菜单还未展开时，关闭按钮隐藏。

随着用户通过点击按钮改变 URL 的散列值，菜单状态和按钮状态也就自动发生变化了，如图 7-6 所示。

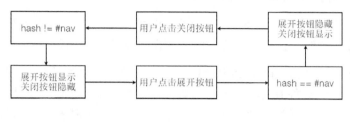

图 7-6

需要注意的是，第二个关闭按钮超链接指向的 id 一定不存在于当前页面上，因为一旦是真实的容器 id，当点击超链接时，浏览器会默认将页面位置定位在该容器处；也不可以为#值，否则点击时浏览器会自动回到页面顶部。

7.2　封装与加载器

再三强调，若没有必要则不使用脚本。但如果不得不使用，请尽量在需要时再加载和执行，因为加载和执行是需要成本的。

在前面几章中反复提及的一些 fallback 与 polyfill 方案，都是需要脚本支持的。这与上面所说的情形非常相似，并不是所有的浏览器都需要这些脚本，可能有些浏览器只需某几个脚本方案。此时就需要有加载器能够允许开发人员选择性地加载脚本，甚至样式。

脚本的加载其实是一个复杂且高度自定义的工程（前提是脚本模块化），开发人员要考虑的需求包括但不限于以下内容。

（1）同步还是异步，使用阻塞还是非阻塞的方式加载脚本？

（2）考虑脚本之间的依赖关系。例如，当编写一个 Backbone 应用时，脚本加载顺序必须是 jQuery.js、Underscore.js 和 Backbone.js。

（3）需要对脚本加载进行精确控制。例如，按需加载脚本模块，当用户进入一个视频网站时有很大概率是不会使用登录、分享等模块，那是否可以在判断他即将使用时再进行对应模块的加载？退一步说，即使预先加载了这些模块，可否只在用户即将使用时执行（因为脚本执行也是相当大的消耗）？

（4）最后，作者认为"最快速的加载是不需要加载"，那是否可以将模块暂存在本地，如本地存储（Local Storage）、缓存，然后让加载器优先从这些地方加载？当然这样也会遇到问题。例如，如何更新脚本。

加载器是一个很庞大的话题，本节不会讲解太多加载器的相关问题，如果读者有兴趣的话可以参考《让我们再聊聊浏览器资源加载优化》[1]这篇文章。

回到项目中，在上面的概述中，我们已经有了使用加载器的理由。现在的问题是，应该选择一个什么样的加载器？注意，如果在网站正式上线前出于对性能的考虑，选择将所有脚本打包压缩为一个文件，那么不同的加载器对你来说是没有差别的。

加载器选 SeaJS 还是 RequireJS？这里选择的加载器可能有部分读者还没有听说过，是 LABjs[2]。选择它的理由，一言以蔽之：它足够小，且能满足需求。

（1）能够利用它按需加载模块；

（2）无需对代码进行二次改造（若使用 RequireJS 需要将代码调整为适用 AMD 标准接口）；

（3）它够轻，只有 5.36 KB（RequireJS 2.1.17 有 14.9 KB，SeaJS 3.0.1 也有 8.87 KB）。

稍微解释一下第二条：以 RequireJS 为例，如果想使用这个加载器加载模块，那么脚本模块需要遵循一套 JavaScript 模块的定义规范，RequireJS 使用的标准称为 AMD（Asynchronous Module Definition，异步模块定义），在这个标准下，需要使用 define()函数定义模块，定义时需要明确模块名称（id）、注明依赖的其他模块（deps），以及编写工厂函数（factory）。但问题是，页面中会使用到的一些第三方脚本库，如 Modernizr、html5shiv，它们未必会以加载器的方式进行封装和编写。如果它们不遵循加载器规范，则需要开发人员手动做封装，这对今后的维护是不利的。

有心的读者会发现 LABjs 这个项目在 GitHub 上[3]已经 4 年没有更新了，可能会担心它的技术是否有些过时。LABjs 作者通过其博客[4]给出了非常肯定的回答——没有，并且详细解释了 LABjs 的工作原理。可以看出 LABjs 作者在制作这个工具的同时已经为未来打了预防针。

---

① http://qingbob.com/let-us-talk-about-resource-load/

② http://labjs.com/

③ https://github.com/getify/LABjs

④ http://blog.getify.com/labjs-script-loading-the-way-it-should-be/

在有关布局的第 4 章中，为了让标题居中准备了 3 种方案。

（1）绝对定位与负外边距，满足所有浏览器的解决方案。

（2）绝对定位与 CSS3 有关的 translate 配合，需要浏览器支持 CSS3 transform 属性。

（3）使用伸缩盒子模型，需要浏览器支持伸缩盒子模型。

我们将上面 3 种解决方案存为 3 个独立的样式文件，这 3 个样式文件分别为 title-align-center-basic.css、title-align-center-translate.css 和 flexbox.css。接下来就要使用脚本、加载器和第三方代码，通过检测浏览器对属性的支持情况，有选择地加载不同的解决方案。

1. Modernizr

第一个问题是，如何判断浏览器对 transform 与 flexbox 的支持情况？这里选用脚本类库 Modernizr[①]。按照 Modernizr 的官方介绍，Modernizr 就是为此而生的：

> Modernizr is a JavaScript library that detects HTML5 and CSS3 features in the user's browser.（Modernizr 是一个用于检测用户浏览器中的 HTML5 和 CSS3 特性的 JavaScript 库。）

但是，HTML5 与 CSS3 属性多达上百种，需要检测的仅为 flexbox 和 transform 的话使用 Modernizr 脚本会不会有些浪费？体积偏大？没关系，Modernizr[②] 已经考虑到了这一点，在下载页面[③]中，它允许用户选择需要检测的属性和添加到脚本的 API，如图 7-7 所示。

请注意，在 Feature Detects 的复选框下，还有 Extra 与 APIs 两个复选框，如图 7-8 所示。

可以看出 Extra 可以将 html5shiv 打包到脚本中，从而解决 HTML5 标签不被低版本浏览器识别的问题，而 APIs 提供了更多的 Modernizr 的接口特性。但是，目前我们并不需要这两项服务，所以不勾选任何选项。

---

① http://v3.modernizr.com/

② 在写本书的同时，Modernizr 第 3 版（V3）正处于 Beta 测试阶段，在本书中使用的就是这一版本。

③ http://v3.modernizr.com/download/

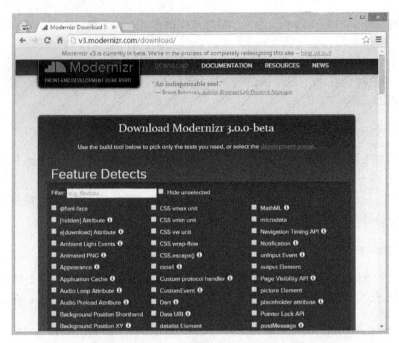

图 7-7

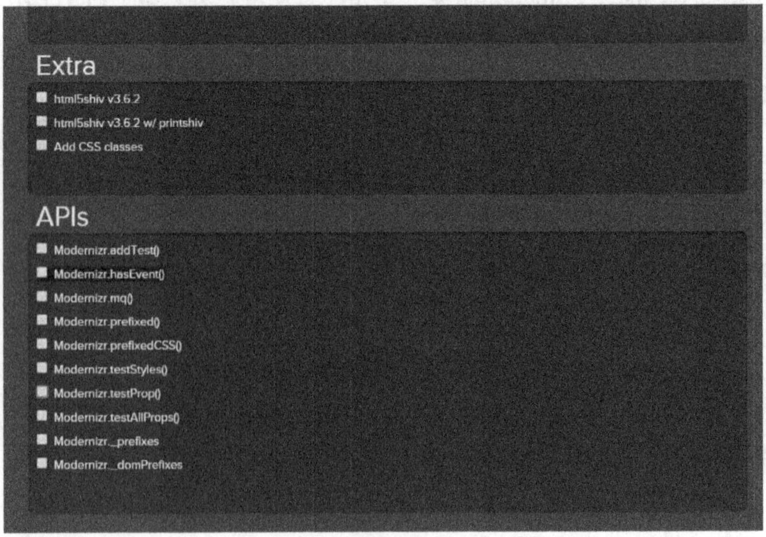

图 7-8

　　接下来点击 GENERATE 按钮，生成脚本，点击 DOWNLOAD 按钮下载脚本，如图 7-9 所示。

图 7-9

这样一来，在页面中引入脚本后，只要通过 Modernizr.flexbox 和 Modernizr.csstransforms 就能判断出浏览器对 flexbox 和 transform 的支持情况（返回值为 true 或者 false）。

2. LABjs

如何使用 LABjs？

首先需要区分与脚本相关的两个顺序：（1）加载顺序；（2）执行顺序。

以 Backbone.js 为例，Backbone.js 需要依赖 Underscore.js，这意味着 Underscore.js 要先于 Backbone.js 执行。注意，这里的依赖是指执行顺序。

那加载顺序呢？想象一个相反的情况，Backbone.js 先于 Underscore.js 加载，但加载之后并不立即执行，而是等待 Underscore.js 加载并执行完毕之后再执行，这样也不会有问题，可见加载顺序并不重要。

综上所述，执行顺序非常重要。而 LABjs 除了能够作为加载器加载脚本外，还能够指定脚本的执行顺序，见如下代码：

```
<script>
  $LAB
  .script("A.js").wait()
  .script("B.js")
  .script("C.js")
</script>
```

很明显 LABjs 采用的是类似于 jQuery 的链式语法。3 个脚本平行加载，但是 wait() 这个函数保证了 wait() 之前的脚本先于之后的脚本执行，即 A.js 会先于 B.js 与

C.js 执行（但是 B.js 与 C.js 无任何依赖关系，执行顺序也就无所谓了）。

更复杂的情况是：

```
<script>
  $LAB
  .script("jQuery.js").wait()
  .script("Underscore.js").wait()
  .script("Backbone.js")
  .wait(function () {
      app.init();
  });
</script>
```

在上面的代码中，jQuery.js、Underscore.js、Backbone.js 都有严格的执行依赖关系，所以必须严格按照依赖顺序依次执行。最终的初始化行内脚本 app.init() 也必须在前几个脚本执行完毕的情况下才允许执行。

3. 组合在一起

现在有了 LABjs 和 Modernizr，还差一段动态创建样式的脚本：

```
function loadStylesheetDynamically (isSupportFlexbox, isSupportTranslate) {

    var BASIC_SOLU = './title-align-center-basic.css';
    var TRANSLATE_SOLU = './title-align-center-translate.css';
    var FLEXBOX_SOLU = './flexbox.css';

    var href = BASIC_SOLU;

    if (supportFlexbox) {
        href = FLEXBOX_SOLU;
    } else if (supportTranslate) {
        href = TRANSLATE_SOLU;
    }

     var head  = document.getElementsByTagName('head')[0];
    var link  = document.createElement('link');

link.rel = 'stylesheet';
link.type = 'text/css';
link.href = href;
```

180

```
link.media = 'all';

    head.appendChild(link);
}
```

在上述脚本中，如果浏览器支持伸缩布局，优先使用伸缩布局样式，其次为 CSS
变形样式，最后为原始解决方案。

一切准备工作已就绪，编码逻辑如下。

（1）通过 LABjs 加载 Modernizr。

（2）使用 Modernizr 判断浏览器对 transform 与 flexbox 的支持情况。

（3）根据浏览器对属性的支持情况选择加载样式。

具体实现如下：

```
<script type="text/javascript" src="./LAB.js"></script>
<script type="text/javascript">
    function loadStylesheetDynamically () {
        // 函数定义
    }

    $LAB
     .script("modernizr.js")
     .wait(function(){
            loadStylesheetDynamically(
                Modernizr.flexbox,
                Modernizr.csstransforms
            );
     })
</script>>
```

7.3　性能优化思路

回顾本章，我做了许多优化工作。在每一节中直接告诉读者缺陷在哪里，应该如
何优化。那么读者可能担心，如果拿到了一个全新的脚本，应该如何开始？下面就从
前面几章的内容中总结出一些性能调优的方法，供大家参考。

1．源于他人的经验

当完成第一版代码后，如何第一时间找到代码中可能存在的性能问题？没有捷径，这要依靠我们的前端知识储备。在第 6.4 节中，为什么我直奔 setTimeout 和滚动事件，为什么我直奔重绘和回流？因为我在不同来源的文章上都看到过类似的性能问题，因为我阅读的不止一本图书告诉过我这些瓶颈。学习知识，获取他人的经验是硬道理。

2．实践是检验真理的唯一标准

经验只是提高你的洞察能力，面对可疑的代码，确定的最好方式就是通过案例来验证你的观点。千万不要想当然地下结论。回忆一下 6.3 节的内容，经验也有可能出错，实践才是检验真理的唯一标准。用"实践"确定了代码的症结所在之后，别忘了还需要使用性能测试（benchmark）来确定修复的代码是否真的起效。

3．借助工具

"工欲善其事，必先利其器。"认知毕竟是有限的，借助于调试工具能发现经验以外的问题，洞察难以察觉的细节，如脚本的执行时间、资源的加载瓶颈、内存是否有泄露等。这比人工的查找、修复、验证都要方便。工具还能模拟不同浏览器下的情况，查看极端环境下（不同设备、不同网速）的页面效率。这里的工具不仅是指 Chrome 调试工具，尽管它已经足够强大。在不同的垂直领域还有更专业的工具可以选择：

- 想查看不同浏览器（甚至低版本 IE）的资源加载情况，可以使用 Dynatrace 的 dynaTrace Ajax；
- 想实际测试页面在不同设备上的情况，可以使用 BrowserStack 服务；
- 想更细致地分析底层网络请求情况，可以使用 CloudShark；
- 想了解用户的用户体验，可以使用 WebPagetest。

4．奥卡姆剃刀原理

切勿浪费较多东西去做，用较少的东西，同样可以做好的事情。

图 7-10 是 2015 年 F1 赛车澳大利亚大奖赛第 3 场练习赛的前 5 名，可以看出相邻车手之间的时间差距不过是 0.5 s 左右。性能调优大致也是如此，只不过竞争的对手是自己。

浏览器的性能调优与赛车调优类似，无法指望修改某一处代码之后就能让网页的加载速度有明显提升（如在 Chrome 中提升 1～2 s），一般也只有几十毫秒最多上百毫秒的进步（Chrome 上的上百毫秒会在其他浏览器上放大为几秒钟的时间，这也是比较可观的）。页面的性能调优需要不断地尝试，尝试从多个方向（资源、脚本、样式、前端、后台）挖掘出产品的性能潜力。记住，性能是挤出来的。

Practice 3

AUSTRALIA

POS.	NO.	DRIVER	TEAM	TIME	GAP	LAPS
	44	LEWIS HAMILTON	MERCEDES	1:27.867		11
	5	SEBASTIAN VETTEL	FERRARI	1:28.563	+0.696	13
	6	NICO ROSBERG	MERCEDES	1:28.821	+0.954	14
	77	VALTTERI BOTTAS	WILLIAMS	1:28.912	+1.045	14
	19	FELIPE MASSA	WILLIAMS	1:28.988	+1.121	18

图 7-10

除了在事后重审代码之外，在编码阶段，就应该严格要求：尽可能减小文档的体积，不添加不必要的容器；如果一个页面功能可以用样式方案解决，就一定不使用脚本；如果一定要使用脚本，那么请务必尽可能地使用高效的原生接口实现。

5. 充分利用浏览器特性

在本章 7.1 节中，已经清楚了解了与脚本动画相比，原生动画的高效性。不限于动画，现代浏览器还提供了更多的用于提升性能并对程序员友好的原生接口，甚至浏览器本身就已经做了非常大的提升（如果有兴趣了解 Chrome 中涉及的网络优化，可以访问 http://www.igvita.com/posa/high-performance-networking-in-google-chrome/）。

例如，Chrome 浏览器提供了新的 link 元素类型，开发人员可以提前加载资源甚至缓存资源：

- `<link rel="subresource" href="jquery.js">`：subresource 类型用于加载当前页面将使用（但还未使用）的资源（预先载入缓存中），拥有较高优先级；

- `<link rel="prefetch" href="http://NextPage.html">`：prefetch 类型用于加载用户打开页面`时使用到的资源，但优先级较低，也就意味着浏览器不能保证它可以加载到指定的资源；

- `<link rel="dns-prefetch" href="//host_name_to_prefetch.com">`：dns-prefetch 类型用于提前 dns 解析和缓存域名主机信息，以确保将来再请求同域名的资源时能够节省 dns 查找时间，可以看到淘宝首页就使用了这个类型的标签，如图 7-11 所示。

这一个优化建议针对的是浏览器提供的丰富接口，而且通常此类方案在不支持的浏览器上也是无害的。

图 7-11

6. 学会说善意的谎言

有时由于一些客观原因，无法通过移除页面上的某些功能来降低页面的负担，但是可以考虑使用一些"障眼法"或恰当的策略来减轻它带来的伤害。例如，懒加载就是常用的技巧。

图 7-12 中是 Unity3D 的一个视频教学页面，所有人看到图中的播放按钮时都会下意识地去点击并期待教学视频开始播放。但事实上这不是播放器，而只是一张画着播放器按钮的图片。考虑到视频并不需要在用户进入页面时第一时间播放，仅在用户点击的情况下再加载视频。

图 7-12

之前我们谈论过"滚动之上"。相反"滚动之下"的内容都可以采取这样的策略，比如未出现的图片或文章底部的评论模块。

7.4　后端能做什么

虽然本书谈论的技术基本只与前端有关，但这并不意味着后端无法为响应式做出贡献。相反，事实上后端大有可为。

7.4.1　RESS

纯粹前端的响应式技术精髓在于媒体查询，它让开发人员可以利用同一套代码、同一个页面、同一套样式去适配不同的设备。但这里说的"同一"其实是假的，例如，为了让导航同时适配桌面端和移动端，会在样式文件中加入两套代码。但事实上无论从哪一端访问，都不需要另一端的代码。这也是人们常常批评媒体查询的地方。（媒体查询更多的不足可以参考《CSS Media Query for Mobile is Fool's Gold》[①]这一篇文章。）

那么，如果用纯粹的服务端技术解决移动端访问问题呢？从 WAP 时代开始开发人员就是这么干的。通过判断用户设备浏览器的 user-agent，精确返回仅是该设备需要的资源。但同时也意味着开发人员要在后台为所有的主流设备准备一对一的不可复用的代码模板，工作量相当大。

而 RESS（Responsive Design + Server Side Components）做的事情是这样的，抛弃响应式中前端和后端的劣势，仅将它们的优势结合起来：与本书正在开发的页面类似，我们将页面划分为多个模块，如导航、评论、正文、广告等。每个模块针对不同类的设备有不同样式的响应式布局（标记和样式），当然也可以是单一的通用布局。这些布局是独立的，以某种模板的形式存于后台中。当请求到达时，服务器根据请求的设备类型，将不同的模块拼接为一个页面返回。

以 Smashing Magazine 网站为例。看一下它在桌面端（左）与移动端（右）的导航样式，如图 7-13 所示。

很明显两者的差异是比较大的。采用 RESS 的方式，首先可以将这两类导航样式拆分为两个样式模板 index_nav_desktop.template 与 index_nav_mobile.template。假设页面内容部分是响应式公用的 index_content.template。

[①] http://blog.cloudfour.com/css-media-query-for-mobile-is-fools-gold/

图 7-13

那么在后端，就要根据用户的设备来判断是使用移动型导航还是桌面型导航。

```
// index.ejs

<!DOCTYPE html>
<html>
<head>
</head>
<body>
<% if (userDevice == "mobile") { %><!--如果设备类型是移动，则选择移动模板-->
<% include index_nav_mobile.template %>
<% } else { %>
<% include index_nav_desktop.template %>
<% } %>

<% include index_content.template %>
</body>
</html>
```

即使针对页面请求的静态资源，也可以在后端判断后再按需返回：

```
// 截获 style.css 的样式请求
app.get("/css/style.css", function (req, res) {

    if (user_device_is_mobile) {
        // 返回移动端样式内容
    } else {
        // 返回桌面端样式内容
    }
});
```

7.4.2 其他

上面的 RESS 只能算是后端的一个设计思路，并没有涉及技术细节，实现起来并不困难。其实后端还能够做非常多有益的事情，例如，提供实时的图片压缩服务，提供更精确的设备检测类型检测等。也可以采取其他优秀的后端技术（如 Bigpipe）来为移动端服务。当然现实中想对现有产品进行有关响应式服务后台的改造也并非易事。

小结

脚本是解药也是毒药。几乎所有的需求问题使用脚本都能迎刃而解，但使用不当的话也会给页面带来不小的性能负担。

正如本章开头所说，性能的问题三天三夜也没法讲完，这里只能就事论事地引出与产品相关的部分。如果读者有意使用本章的技巧来优化产品，请保持足够的耐性，因为可能一时半会儿难以发现问题，或者思考了很久的改进方案对比后发现效果还不如之前。这些都是再正常不过的事情了。

第 *8* 章

工程问题

通过前 7 章的学习我们已经能够独立制作一个响应式页面了，本章的内容与响应式并无太大瓜葛，而是关于如何更好地维护这个产品的。维护这件事重要吗？当然重要，在工作中不断地制定规范、总结模式，本质上就是在强调代码和产品的可维护性。本章主要介绍如何使用工具来维护项目和代码。

本章主要涉及以下几个工具的学习：

- 用于管理第三方依赖库的 Bower；

- 用于执行批量操作的 Grunt；

- 用于建立项目流程的 Yeoman。

8.1　安装 Node.js

本章讲的所有工具都离不开 Node.js，所以首先需要做的就是安装 Node.js。

Node.js 是一个基于 Chrome 脚本运行时（V8 引擎）建立的平台。通过这个平台可以使用 JavaScript 语言搭建服务端的网络应用。Node.js 的特点是事件驱动、使用非阻塞的 I/O 模型。

上面一段话看不懂？没关系，阅读下面几行代码及其注释就了解了。这段代码搭建了一个能够返回"Hello World"的 HTTP 服务器：

```
// 引用 http 模块
var http = require("http");
```

```
// 通过 http 模块 createServer 接口创建服务器
// 返回一个 http.Server 实例
// 传入函数为 request 事件的回调函数
// 形参 request 中封装了请求相关的所有信息
http.createServer(function(request, response) {
    // 创建请求响应
    response.writeHead(200, {"Content-Type": "text/plain"});
    response.write("Hello World");
    response.end();
}).listen(8888); // 监听 8888 端口
```

Node.js 非常适合前端程序员搭建后台程序（因为它使用的语言是 JavaScript），但本章并不需要编写代码，而是学习使用这个平台上的一些工具。

安装 Node.js 非常简单，首先访问它的官方网站 http://nodejs.org，直接点击首页的 INSTALL 按钮即开始下载适合你的平台的安装包，如图 8-1 所示。

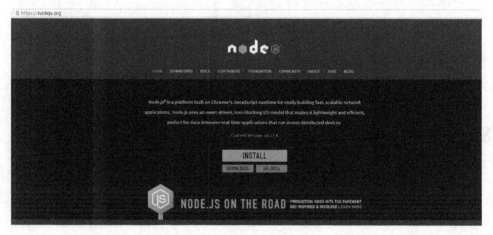

图 8-1

如果下载的安装包不是你想要的，或者想尝试其他的安装方式，可以点击 INSTALL 按钮左下方的 DOWNLOADS，进入下载专题页面选择需要的安装包，如图 8-2 所示。

接下来只要运行安装包，不断地点击 Next 即可。注意在这一步选择安装组件的时候，不要更改任何配置，使用默认配置即可，如图 8-3 所示。

图 8-2

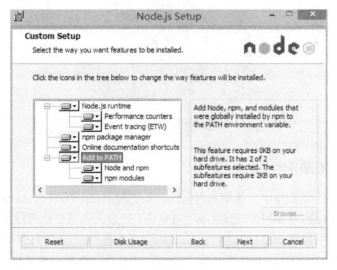

图 8-3

　　安装完毕后，即可打开控制台（开始→命令提示符），使用 node 命令 node --version 验证 Node 的版本。表示安装完成，如图 8-4 所示。

191

图 8-4

8.2　Bower

8.2.1　什么是 Bower

开发人员经常会使用一些第三方代码，如之前的 html5shiv、modernizr，此时需要面临的一个问题是如何管理这些第三方代码。开发人员需要经常检查这些第三方库有没有更新或者修复 bug，可定期去 GitHub 上手动检查，但这样的体验终归不太好。一些前端库同时也依赖其他的前端库，在使用时需要手动凑齐它们的依赖库，这过程中又会产生偏差。如依赖库需要指定版本。Bower 解决了所有问题，它是一个包管理工具，你可以用它来管理你站点上的所有框架、库、资源等，通过它查找、安装、下载、升级。

8.2.2　安装 Bower

首先通过 Node.js 提供的 npm 命令来安装 Bower。npm 是用来分享 Node.js 开源模块的平台，能通过它找到和安装所有的 Node.js 模块，它也是一个包管理工具。npm 可以被理解为 Node.js 所有模块的管理平台，而 Bower 则是 JavaScript 前端模块的管理平台。两者功能一致，不同的是所处的环境。而 Bower 是其中的一个 Node.js 模块。

首先在命令行中运行下面命令：

```
npm install -g bower
```

一般来说，安装 Node 模块时无需添加 -g 参数，如安装 express 框架。

```
npm install express
```

此时在命令行运行目录下会生成一个名为 node_modules 的文件夹，在该路径下所有相关的 Node 模块全都安装在该 node_modules 目录之内。当你切换到其他目录之后，需要重新安装模块，因为每次安装只对该路径有效。

-g 参数意味着在这台电脑全局安装该模块。既然是全局安装，那么只需要安装一次，就能在整个操作系统的环境下都能够使用它。全局安装的模块都在该目录中。

```
C:\Users\username\AppData\Roaming\npm\node_modules
```

如果忘了 npm 命令，或者想了解更多参数用法，可以使用 npm --help 来查看 npm 使用说明，如图 8-5 所示。如果仅查看有关安装命令的帮助，可以使用 npm install --help，如图 8-6 所示。

图 8-5

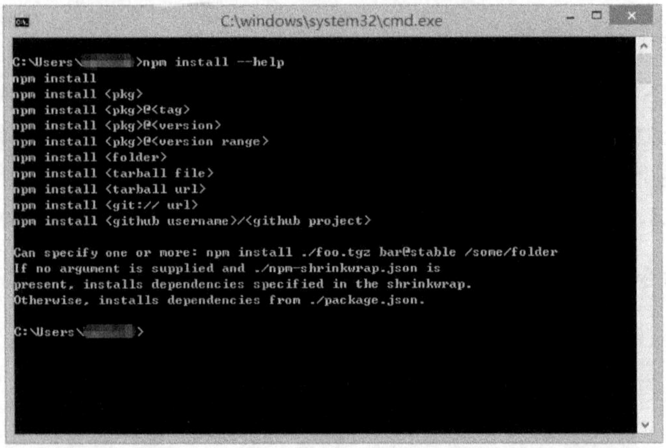

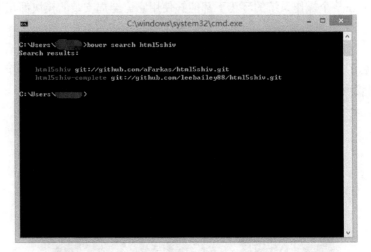

图 8-6

8.2.3　使用 Bower

以 html5shiv 为例。可以通过 Bower 的 search 命令（与上面的 npm 命令类似，可以通过--help 查看相关命令）查找我们需要的 html5shiv（使用 bower search html5shiv），如图 8-7 所示。

图 8-7

这里 Bower 主要返回的是与 html5shiv 相关的项目名称和它的开源地址，很明显图 8-7 中第一条才是我们需要的。接下来使用 bower install html5shiv 在本地安装 html5shiv，如图 8-8 所示。

图 8-8

在运行命令的路径下，生成了一个 `bower_components` 文件夹，通过 Bower 安装的相关模块都会在其中。

此时就可以在项目中引用 html5shiv 了：

```
<script type="text/javascript" src="./bower_components/html5shiv/dist/html5shiv.min.js">
</script>
```

同理，在安装 jQuery 和 Respond 后也可以按照上述方式使用。

```
<script type="text/javascript" src="./bower_components/jquery/dist/jquery.min.js">
</script>
<script type="text/javascript" src="./bower_components/respond/dest/respond.min.js">
</script>
```

需要注意的是， 在本地安装的并非只是需要的脚本文件，而是整个项目文件夹，它可能会携带脚本的源码（通常在 `src` 文件夹中）、打包配置文件（Gruntfile.js）以及开源协议文件和文档（Readme.md）等。如果没有特殊需求，可以直接使用项目作者的发行版本（通常在根目录下，名为 `dist` 或者 `dest` 的文件夹中）。发行版本通常包括多个版本，如压缩版和未压缩版，未压缩版可以用于调试，而大部分情况下使用的是压缩版。当然可以自行通过打包文件和源码进行 DIY。

8.2.4　进阶使用

上面的内容已经可以满足我们的需求了，继续说两点比较重要的功能。

1．关于依赖

Bower 被人称赞的一个特性就是可以管理库的依赖，例如，安装 Backbone.js（使用 `bower install backbone`），因为 Backbone 同时也依赖 Underscore，Bower 会自动安装 Underscore，如图 8-9 所示。

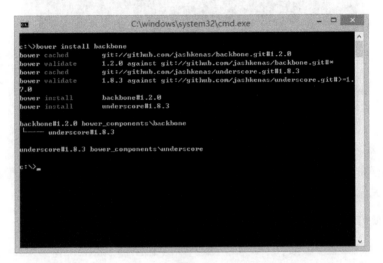

图 8-9

通过 `bower list` 命令，可以查看安装的库以及它的依赖，如图 8-10 所示。

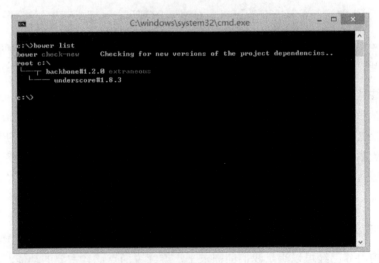

图 8-10

如果卸载 Underscore 使用（bowre uninstall underscore），Bower 会发出警告，警告 Underscore 被 Backbone 所依赖，如图 8-11 所示。

图 8-11

2．.bowerrc 文件

在使用 Bower 的过程中，你可能想对工具进行一些配置，如不想要模块安装的默认目录为 bower_components，那么可以通过 .bowerrc 文件来自定义。首先在安装根目录创建名为 .bowerrc 的文件，接着在文件中将 directory 属性值修改为你期望的目录：

```
{
    "directory": "static/js"
}
```

这样一来包的安装路径就在 static/js 目录下。

同理，通过这个文件，还可以配置更多的信息，如使用的代理、发送请求的用户代理等。更多的配置信息请参考配置文档[1]。

----

[1] http://bower.io/docs/config/

8.3　Grunt

8.3.1　什么是 Grunt

通常在网页上线前，需要进行一系列打包和准备工作，例如，使用 JSHint[①]对代码质量进行检查，使用 UglifyJS[②]对代码进行压缩和拼接，编译 SasS 以及对图片压缩优化等。这些操作的特点是，每次上线前的流程都是一致的、机械的、几乎无需人工干预。但是，如果每次都手动运行这些命令，对操作人员来说也是一件感觉有点儿鸡肋的事。操作人员希望有工具能将这些任务组合起来，一键命令就能够让这些任务井然有序的运行。Grunt 就是这么一个工具。

8.3.2　安装 Grunt

与 Bower 相同，首先需要通过 npm 在全局安装 Grunt：

```
npm install -g grunt-cli
```

这里我们只是将 Grunt 工具安装完毕，它还无法实现压缩、图片优化等功能。如果需要实现对应的功能，还需要安装对应的 Grunt 插件。在上线之前希望做 3 件事：首先是将 JavaScript 脚本压缩并且合并，其次对 less 代码进行编译，最后再对图片进行优化。对应这 3 个功能，需要分别安装 3 个 Grunt 插件，即 contrib-uglify、contrib-less 和 contrib-imagemin。

在安装之前首先需要在本地创建 package.json 文件，这个文件用于描述当前项目的一些元信息，如作者、项目名称、入口函数、测试文件、依赖、开源协议等。package.json 是 Node.js 模块的标配（当然也可以不添加这个文件），我们可以利用 package.json 做一些项目的维护工作。

---

① http://jshint.com/

② https://github.com/mishoo/UglifyJS

创建 `package.json` 的方法有很多种，如使用 `npm init` 命令就可以按照命令行提示来初始化 `package.json` 文件。但是，在这里手动创建：

```
{
    "name": "grunt-demo-project", // 项目名称；注意项目名称不可以与当前项目中使用的
                                         node 模块同名
    "dependencies": {                 // 这个项目需要依赖的 Node 模块，暂时为空
    }
}
```

接着来安装需要的模块：

```
// 首先在项目文件夹中安装本地 grunt
npm install grunt --save
// 再依次安装需要的插件
npm install grunt-contrib-uglify --save
npm install grunt-contrib-less --save
npm install grunt-contrib-imagemin --save
```

8.3.3　使用 Grunt

在根目录添加一个 Gruntfile.js 文件才是 Grunt 任务的关键，文件里描述了我们该用什么样的插件以及如何执行任务。

从最简单的情况开始，在上线前把所有的 JavaScript 文件压缩合并为一个文件。假设项目目录的结构是这样的：

```
root // 根目录
|---scripts
    |---src // JavaScript 源文件路径
        |---moduleA.js
        |---moduleB.js
        |---moduleC.js
    |---dest // JavaScript 压缩后目标路径
        |---output.min.js
|---package.json
|---Gruntfile.js
```

目标即是要把 moduleA.js、moduleB.js、moduleC.js 压缩为 output.min.js。

为了验证压缩效果，3 个源脚本文件的内容都为相同的斐波那契函数：

```
function fibonacci(n){
    if (n == 1 || n == 2){
        return 1;
    }
    return fibonacci(n-1) + fibonacci(n-2);
}
```

接下来编写任务 Gruntfile.js。编写 Gruntfile 任务其实非常简单，因为它有固定的格式，基本格式如下：

```
// module.exports 为 Node.js 模块通用语法格式，
// 在这里只需照抄即可，不作多余解释。
module.exports = function(grunt) {

    grunt.initConfig({
        // TODO
    })
};
```

所有任务的配置信息都要存放在 grunt.initConfig 中，开发人员要对其进行完善。因为仅是对脚本进行压缩，所以这里只需要使用一个插件，即 grunt-contrib-ugilfy。基本的 uglify 任务编写如下：

```
module.exports = function(grunt) {

    grunt.initConfig({
        uglify: {  // 解释 1
            task_name: { // 解释 2
                files:{ // 解释 3
                    'scripts/dest/output.min.js': ['scripts/src/moduleA.js',
                    'scripts/src/moduleB.js', 'scripts/src/moduleC.js']
                }
            }
        }
    });
};
```

解释 1：　使用任何插件前都要对其进行配置，而与 uglify 有关的配置，必须存放在以 uglify 为属性名称的属性值中：uglify: {}。同理，若使用了 grunt-contrib-less 插件，需要对 less 进行配置，那么也应该放在 less: {} 对象中。

解释 2：考虑一下这样的场景，当代码上线时，代码要求被全方位压缩，体积越小越好。但是调试时，开发人员又希望代码压缩后还能格式化，并且最好配上 sourcemap。于是，可以对 uglify 分配子任务，并且对不同子任务给出不同的配置。例如，下面的线上环境 production 和开发环境 development。

```
grunt.initConfig({
    uglify: {
        production: {
            files: {
                'scripts/dest/output.min.js': ['scripts/src/moduleA.js', 'scripts/src/
                moduleB.js', 'scripts/src/moduleC.js']
            }
        },
        development: {
            files: {
                'scripts/dest/output.min.js': ['scripts/src/moduleA.js', 'scripts/src/
                moduleB.js']
            }
        }
    }
});
```

解释 3：很明显这就是最关键的配置信息，是关于哪些文件需要进行压缩以及压缩后的文件输出路径。上面两点解释对所有的 Grunt 插件都通用，而类似于这点的核心功能不同的插件会有所不同。

同时你也可以通过参数对压缩结果进行调整，以 uglify 为例，若希望压缩文件能够被格式化或变量名称不要被压缩等，就可以新增 options 字段进行配置：

```
grunt.initConfig({
    uglify: {
        task_name: {
```

```
        options: { // 压缩选项
            sourceMap: true,
            sourceMapName: 'dest/sourcemap.map', // 输出 sourcemap
            beautify: true, // 输出结果格式化
            mangle: false   // 变量不被替换
        },
        files:{
            'scripts/dest/output.min.js': ['scripts/src/moduleA.js', 'scripts/src/
            moduleB.js', 'scripts/src/moduleC.js']
        }
    }
}
});
```

与 uglify 相关的配置信息可以参考它的文档[①]。

别忘了还要加载 Grunt 插件，以及制定任务名称：

```
grunt.initConfig({
    uglify: {
        // ...
    }
});
```

```
// 加载 uglify 插件
grunt.loadNpmTasks('grunt-contrib-uglify');
```

```
// 我们制定了一个名为 defualt 的任务，这个任务包括 uglify 组件功能
grunt.registerTask('default', ['uglify']);
```

在最后制定任务阶段，如果 uglify 下同时存在多个子任务，那么这些子任务都会运行。除非你指定需要运行的子任务：

```
grunt.registerTask('default', ['uglify:development']);
```

大功告成。待脚本上线时，在命令行窗口中使用命令切换至该项目根目录，并运行以下代码即可：

```
grunt default
```

_____

① https://github.com/gruntjs/grunt-contrib-uglify

8.4　Yeoman

8.4.1　什么是 Yeoman

回想一下前端开发项目的传统工作流程。

（1）首先建立一个包含该项目所有工程文件的目录——my-project。

（2）接着在根目录（./my-project）下依次建立包含不同类型文件的子文件夹，例如，用来存放模板的 views，用来存放脚本的 scripts 和用来存放样式的 style。在 sciprts 和 style 文件夹中，建立 src 与 dist 文件夹，用于存放源文件与上线文件。

（3）scripts/lib 文件夹用于存储下载的依赖库，如 jQuery、Angular 等。除非使用的是第三方的 CDN 服务。

（4）继续安装一些 Nodejs 模块，用于编译 less 或者进行上线部署，以及编写用于这两项功能的 Nodejs 脚本。

（5）安装测试框架，编写测试脚本。

当回想之前的开发经历时，你会发现开发流程总有相似的地方。例如，创建项目时目录结构相同，依赖的第三方脚本相同，需要使用的 Node.js 模块相同，依赖的测试框架相同。那么可以把这些相同的东西集中起来，命名为"项目模板"，以后开始新项目时复用这个模板即可。于是希望有这么一个工具，可以自定义项目模板，能够在创建项目时根据指定项目模板自动生成目录结构和静态资源。这样就免去每次开发前的手动重复步骤。Yeoman 就是这样一套工具。

之所以说是"一套"工具。因为除了自身的 yo 工具（用于快速启动项目、搭建项目框架）外，还包括了 Bower 和 Grunt。Yeoman 想做的其实是帮助整个流程（workflow）提高效率：首先使用 yo 启动项目，然后使用 Bower 或者 npm 进行依赖管理，最后使用 Grunt 进行自动化构建、测试等。这一节主要介绍 yo 的使用方法。

8.4.2　安装 Yeoman

安装 Yeoman 与安装 Bower 和 Grunt 类似，通过 npm 执行安装命令即可：

```
npm install -g yo
```

yo 只是一个命令行工具，它自身并不包含所有的项目模板，也就是说还需要额外安装项目模板。这要依据我们开发的是一个什么类型的项目而定，例如需要开发一个基于 Backbone 框架的 MVC 应用，那么应该安装一个 Backbone 的启动工具，或者称之为项目生成器（app-generator）：

```
npm install -g generator-backbone
```

所有的生成器都可以在 Yeoman 的官网 Discovering generators[①]中找到，如图 8-12所示。

图 8-12

---

① http://yeoman.io/generators/

8.4.3 生成项目

安装 yo 与 Backbone 项目生成器之后，使用命令 yo backbone 生成项目目录，如图 8-13 所示。

图 8-13

yo backbone 命令后也可跟项目名称，如 yo backbone my-project。

如图 8-13 所示，在正式创建项目时，生成器会"询问"你一些问题，这是生成器自带的。例如在上面生成 Backbone 项目时，它告诉我们将要生成的项目中已经包含了 HTML5 Boilerplate、jQuery、Backbone 和 Modernizr 组件，是否还需要加入更多？下面列举出了 3 个选择：Bootstrap、CoffeeScript 和 RequireJS。大部分生成器都有类似步骤，让用户在生成项目时配置更灵活。接下来选择安装 Bootstrap 并且继续。

```
Out of the box I include HTML5 Boilerplate, jQuery, Backbone.js and Modernizr.
? What more would you like? Twitter Bootstrap for Sass
  create .gitignore
  create .gitattributes
  create .bowerrc
  create bower.json
  create .jshintrc
  create .editorconfig
  create Gruntfile.js
```

```
create package.json
create app\styles\main.scss
create app\404.html
create app\favicon.ico
create app\robots.txt
create app\index.html
create app\scripts\main.js
create test\bower.json
create test\.bowerrc
create test\spec\test.js
create test\index.html
```

```
I'm all done. Running bower install & npm install for you to install the require
d dependencies. If this fails, try running the command yourself.
```

在终端中工具已经输出了创建的目录和文件。同时它也告诉用户即将安装依赖包和模块（bower install & npm install），当然也可以自行安装。如果有兴趣的话，通过浏览 bower.json 和 package.json 文件也可以清楚了解所有需要安装的依赖。在 Bower 安装完毕之后，这个项目的启动工作也即完毕了。

小结

本章只是在众多的前端工具中选取了与项目相关的 3 项进行讲解。前端工具种类繁多，而且好的工具也层出不穷，这也意味着学习能力对程序员非常重要，如何快速上手并整合当下的项目也是对程序员能力的一种考验。

使用工具并不难，工具本身可能没有太大的难度，参照官方文档，参照演示实例按部就班即可。但我们不能仅限于使用，重要的是理解工具背后在解决的问题以及它的设计思路。工具并不能带来太多技能上的提升，不要因为它过于便捷而造成学习上的懒怠。

后　　记

最终你看到的是一个和 PSD 设计稿无差异的页面版本，但从本书可以看出，将设计稿"翻译"为实际页面的过程并不轻松，你需要借助不同深度、不同时间跨度的技术，还要依赖个人或者他人的经验，借助不同的开源代码。

本书并未覆盖页面功能涵盖的所有技术和代码，而是仅列出了与响应式相关的知识点和关键步骤。之所以作出这样的取舍主要是考虑到，如果学习的是大而全的内容，常常会令人感到困惑，并会影响到当前主线知识的学习。尽管我觉得有些内容展开讨论会非常有益，例如，如何设计一个全局的样式指南（页面中默认已经包含在其中）或者是如何将页面移植到 Jekyll 中，深入理解浏览器原理，有助于更好地理解性能调优，但很遗憾的是，这些内容都不得不省去。关于这些内容，日后我会陆续整理并且发布到我的博客中：http://qingbob.com。

或许对于某项功能的实现你在不同书中读到的会与本书有所不同，没有关系，这是很正常的，因为技术需要因地制宜，而这与程序员的经验、面对的产品都有关系。有的人崇尚简洁，在条件判断语句中使用赋值表达式（例如 if (foo = bar)），他利用的是表达式具有返回值这一特性，但对后来的代码维护者而言这并不是一个好消息，代码维护者会怀疑其是不是将"比较"错写成"赋值"了。阅读不同的代码，站在不同的角度去理解（揣测）代码，对阅读者来说都是非常有帮助的一件事情。

正如本书开头所说，响应式技术和前端技术一样，是发展和变化都非常快的技术。因此，在你拿到这本书时，可能有些内容或者标准已经发生了改变，甚至已经出现了更先进的技术。读者需要多动手实践，及时更新知识。